LE CATÉCHISME

DE

L'OPÉRATEUR PHOTOGRAPHE

TRAITÉ COMPLET

DE

PHOTOGRAPHIE SUR COLLODION

Positifs sur verre et sur toile, Transport du Collodion sur papier,
Stéréoscopes, Vitraux, etc.

Nouveaux procédés pour le tirage des Épreuves positives,
leur fixage et leur coloration, etc.

ÉLÉMENTS DE CHIMIE ET D'OPTIQUE

APPLIQUÉS A LA PHOTOGRAPHIE.

PAR A. BELLOC.

NOUVELLE ÉDITION

revue et corrigée.

A PARIS,

CHEZ L'AUTEUR, 16, RUE DE LANCRY.

1860

LE

CATÉCHISME

DE

L'OPÉRATEUR PHOTOGRAPHE

PARIS. — TYPOGRAPHIE D'ÉMILE ALLARD

rue d'Enghien, 14.

LE
CATÉCHISME

DE

L'OPÉRATEUR PHOTOGRAPHE

TRAITÉ COMPLET

DE

PHOTOGRAPHIE SUR COLLODION

Positifs sur verre et sur toile, Transport du Collodion sur papier,
Stéréoscopes, Vitraux, etc.

**Nouveaux procédés pour le tirage des épreuves positives,
leur fixage et leur coloration, etc.**

ÉLÉMENTS DE CHIMIE ET D'OPTIQUE
APPLIQUÉS A LA PHOTOGRAPHIE.

PAR A. BELLOC.

NOUVELLE ÉDITION
revue et corrigée.

A PARIS,
CHEZ L'AUTEUR, 16, RUE DE LANCRY.

L'auteur se réserve le droit de
traduction et de reproduction.

1860

[illegible]

[illegible]

[illegible]

[illegible]

[illegible]

[illegible]

[illegible]

[illegible]

FABRIQUE SPÉCIALE

DE

PRODUITS CHIMIQUES

POUR LA PHOTOGRAPHIE.

Choix d'Objectifs, Chambres noires, Cuvettes, Glaces, Papiers, Appareils complets, essayés et garantis,

PAR

A^te BELLOC, CHIMISTE,

Professeur de Photographie, auteur de quatre Traités complets, Inventeur
du Châssis-Presse positif mécanique.

EXPOSITION GÉNÉRALE DE PARIS, — EXPOSITIONS DE LONDRES,
AMSTERDAM, BRUXELLES, ETC., ETC., ETC.

Plusieurs Médailles et Mentions honorables.

CATALOGUE ET PRIX-COURANT.

LABORATOIRE D'ESSAI,
Et pour l'enseignement, Leçons gratuites.

A PARIS, RUE DE LANCRY, 16,
au troisième étage.
Ne pas confondre avec le deuxième étage.

LE COMPENDIUM

DES QUATRE BRANCHES DE LA PHOTOGRAPHIE,

Traité complet, théorique et pratique ,

Contenant les Annales de la Photographie, le Catéchisme, et les
Éléments de Chimie et d'Optique appliqués à cet art ,

PAR A. BELLOC,

A Paris, rue de Lancry, 16, au troisième.

AVANT-PROPOS.

Dans notre dernier Traité de Photographie, nous avons tout particulièrement insisté, sur l'importance de la qualité des produits chimiques et le choix de l'objectif. Cette importance est telle, en effet, que rien ne peut la contrebalancer, ni l'adresse, ni l'habileté, ni la dextérité manuelle de l'opérateur ; la science elle-même la plus expérimentée ne peut triompher d'un objectif vicieux, et nulle supériorité ne peut compenser l'infériorité des substances. Nous ajoutions qu'en cet état de choses, il serait fort désirable qu'une maison, fondée sous la direction d'un homme consciencieux et compétent, pût, en quelque sorte, se rendre garant de l'excellence de ses produits, de façon à assurer aux opérateurs, des succès, auxquels, pour la plupart, ils ne sont pas accoutumés.

Cette maison, établie depuis quelques mois à peine, a justifié, et nous pouvons dire dépassé toutes nos prévisions. Le nombre toujours croissant de nos clients, les témoignages flatteurs que nous en recevons chaque jour, nous prouvent que nos observations étaient parfaitement fondées, et que nous avons répondu à un véritable besoin. Notre maison est devenue, en peu de temps, un vaste laboratoire où de nombreux élèves se sont formés et ont acquis rapidement toute l'habileté nécessaire aux succès d'une bonne opération.

Nos leçons gratuites ont pour but de former des élèves qui, sûrs de leurs procédés, puissent marcher droit et rapidement dans la voie du progrès de l'art photographique, et qui, bien convaincus qu'ils ne trouveraient nulle autre part, ni les mêmes soins ni les mêmes garanties, nous constitueront une clientèle sérieuse et persévérante, de laquelle il nous est permis d'espérer le succès et la prospérité de notre maison.

Pour atteindre ce but, nous ne reculerons devant aucun sacrifice, et nous nous efforcerons toujours de faire les plus grands avantages possibles aux consommateurs, sans nuire aux intérêts des producteurs.

Nos conseils sont acquis à nos clients, soit de vive voix ou par correspondance, et ce sera toujours un plaisir autant qu'un devoir pour nous, de leur indiquer les moyens de surmonter les difficultés qu'ils pourraient rencontrer dans leurs diverses opérations.

Quant aux leçons mêmes, nous donnerons :

6 leçons gratuites à l'acquéreur d'un appareil 1/4 complet ; 12 leçons pour l'acquisition d'un appareil 1/2 ; et, enfin, 24 leçons à celui qui achetera, en même temps qu'un appareil 24 + 27, les produits chimiques nécessaires pour opérer pendant quelques mois.

L'avantage qui résulte de cette combinaison n'a pas besoin d'être expliqué. Il est évident que nos prix étant les mêmes, sinon plus bas que ceux des autres fabriques, et les produits d'une pureté et d'une supériorité réelles, si nous y ajoutons un enseignement théorique et pratique purement gratuit, et dont notre expérience bien connue rend l'importance incontestable, c'est, en réalité, une économie incalculable que nous offrons aux acquéreurs.

Quant aux envois, ils seront faits dans les vingt-quatre heures, quel que soit le genre de la demande, et même la quantité des produits demandés ; notre magasin et notre personnel nous permettent de prendre cet engagement envers le public.

Nous croyons devoir ajouter, en terminant, que certaines demandes ne sont pas satisfaites aussitôt que nous le voudrions, parce qu'elles sont trop légèrement faites, et que les indications sont insuffisantes. Les unes nous laissent dans l'embarras au sujet du choix et des grandeurs, les autres ne contiennent pas l'adresse du destinataire ou ne la donnent qu'incomplètement. Pour obvier à cet inconvénient, nous offrons un modèle de demande qui ne laissera aucune espèce de doute ni d'incertitude au sujet de la tâche qui nous aura été confiée.

MODÈLE DE DEMANDE.

Par grande (ou petite) vitesse.

Azotate d'argent cristallisé (ou fondu).

Collodion dense normal, ou collodion normal fluide , ou collodion ioduré.

Alcool de vin à 36° (ou à 40°).

Éther à 62° (ou à 56°).

Cyanure de potassium (en plaques ou en poudre).

Vernis blanc pour négatif.—Vernis noir pour positif direct.

Vernis rose clair. — Bristol pour encarter. Grandeur : 24-30.

Passe-partout blancs (ovales ou à coins ronds) pour 1/4, 1/3, 1/2, 1/1, ou bien d'une grandeur extérieure de…. sur une ouverture ou vue de….

Cadres pour recevoir des passe-partout de….

Boîtes à glaces, pour recevoir des glaces de…. (1)

Glaces d'une grandeur de …

Vases pour pyrog. (en gutta ou en verre).

Cuvettes (profondes ou plates) avec rebord pour négatif.

Papier (*français* ou allemand) (salé ou non salé).

Feuille entière ou coupée pour (18, 24, 21, 27), etc.

Quant au paiement, nous croyons que le mode le plus simple, surtout quand il ne s'agit que de petites sommes, est celui de l'envoi contre remboursement ; ce moyen est aussi le moins coûteux, et nous tenons compte, d'ailleurs, des frais à nos clients, directement ou indirectement, soit en prenant à notre charge les retours d'argent, ou en réduisant d'autant le prix des produits expédiés.

Ce mode est une garantie pour nous et aussi pour le destinataire ; nous prendrons à notre compte les objets cassés ou les produits avariés. C'est, du reste, entre nos clients et nous, un arrangement à l'amiable, qui, la bonne foi aidant de part et d'autre, ne soulèvera jamais aucune contestation sérieuse.

(1) Les dénominations 1/4, 1/2, lorsqu'il s'agit de boîtes à glaces ou de châssis, ne peuvent convenir quand le demandeur possède déjà les mêmes grandeurs. Il faut alors désigner les dimensions par millimètres.

NOUVELLE LIQUEUR GÉNÉRATRICE.

En face des difficultés toujours croissantes que nous éprouvons à nous procurer de l'alcool de vin et de l'impossibilité qu'il y a d'obtenir du collodion parchemineux et sans tache, avec l'alcool du commerce, nous avons dû chercher à l'éliminer de nos préparations photogéniques.

A cet effet, nous avons composé un éther pur à 62° avec les trois substances indiquées dans notre deuxième formule, substances que nous sommes enfin parvenu à faire dissoudre dans l'éther, et malgré des difficultés que tous les chimistes apprécieront.

Une série d'expériences comparatives nous a prouvé la supériorité de ce mode de préparation sur les autres liqueurs à l'alcool comme sur le collodion préparé à l'iodure de cadmium, sans introduction d'alcool.

Cet éther ioduré est par lui-même une liqueur génératrice, il suffit de le mêler au collodion normal dans la proportion indiquée plus bas (1) pour obtenir instantanément un collodion limpide, qui ne s'altère pas quand le cliché est terminé, d'une parfaite cohérence, et qui peut fournir une très grande quantité d'épreuves, sans être verni et sans s'érailler au contact du papier positif.

Une des qualités précieuses de ce collodion, c'est que sa

(1)   Collodion normal. . . . . 30 c. c.
        Éther ordinaire à 62°. . . . . 30 c. c.
        Éther ioduré d'après ma formule. . 30 c. c.

Agitez le flacon, — laissez reposer 10 minutes, — il n'est pas besoin de filtrer, — il est bien entendu que si, en raison de la température, le collodion blanchit trop dans le bain, on peut le modifier en y ajoutant quelques grammes de collodion normal et d'éther ordinaire.

On peut aussi faire le collodion plus dense, — soit :
        Collodion. . . . . 40 c. c.
        Éther ordinaire. . . . . 20 c. c.
        Éther ioduré. . . . . 30 c. c.
Ainsi de suite.

grande sensibilité ne l'empêche point de donner des épreuves positives directes d'une remarquable beauté.

L'emploi de ce nouveau collodion n'entraîne aucune modification dans les différentes manipulations et les divers développements, soit qu'on le destine à un négatif, soit qu'on préfère développer un positif. Moins de pose, pour le positif, nitrate d'argent mêlé à l'acide pyrogallique, fixage au cyanure de potassium. *Seule modification.*

Aujourd'hui surtout que les opérateurs sont trop souvent débordés par le mauvais goût du public, qui exige, à vil prix et sur le champ, des petites épreuves sans vigueur et sans éclat, nous espérons qu'on nous saura quelque gré de faire connaître un collodion qui permet d'obtenir de belles épreuves, avec la plus entière certitude.

Disons, en terminant, que notre maison n'a rien de commun avec une maison voisine, et nous répondrons ainsi aux questions et aux lettres sans nombre qui nous ont été adressées à ce sujet. Nous sommes *seul* responsable et nous signons *seul* notre garantie qui est et restera toujours une vérité.

A. BELLOC.

AVIS.

En établissant notre Catalogue, prix-courant des principaux articles employés en photographie, nous ne nous sommes pas engagé dans la route suivie par la plupart des marchands qui, multipliant à l'infini les colonnes et les chiffres, se perdent eux-mêmes dans un détail superflu de produits inutiles ou, tout au moins, fort douteux ; cause souvent répétée d'erreurs et de mé-comptes.

Notre but a toujours été de simplifier, et nous croyons être en voie d'atteindre ce but en réduisant le catalogue des substances diverses, employées en photographie, à sa plus simple expression.

Toutefois, comme nous n'avons nulle prétention à une réforme générale, nous prévenons ceux qui voudront bien nous accorder leur confiance, que nous remplirons toujours leurs commissions quelles qu'elles puissent être, et toujours au prix des fabricants auxquels ils nous auront adressé.

PRIX-COURANT

DES PLAQUES AU TITRE GARANTI,

Payable comptant, escompte 20 p. 100.

TITRE 20me.

	f.	c.
Plaques entières, la d^e	60	»
1/2	55	»
1/3	24	»
1/4	15	»
1/6	10	»
1/9	8	»

TITRE 40me.

	f.	c.
Plaques entières, la d^o	42	»
1/2	24	»
1/3	16	»
1/4	10	80
1/6	7	20
1/9	4	80

TITRE 30me.

	f.	c.
Plaques entières, la d^e	45	»
1/2	30	»
1/3	20	»
1/4	12	»
1/6	8	»
1/9	6	»

TITRE 60me.

	f.	c.
Plaques entières, la d^e	36	»
1/2	21	»
1/3	14	»
1/4	9	»
1/6	6	»
1/9	3	50

Plaques pour stéréoscopes de toutes dimensions.

—

PLAQUES ARGENTÉES.

Par les procédés électro-chimiques de la maison
Ch. Christofle et Ce.

		f.	c.
Plaques entières	la douzaine.	42 fr.	» c.
Id. 1/2		22	80
Id. 1/3		16	80
Id. 1/4		10	80
Id. 1/6		7	50
Id. 1/9		5	50

Objectifs pour portraits et pour reproductions.

    1/4........................ 44 mill. .... f. 20   »
    1/2........................ 63 mill. supérieur.   60   »
    Plaque normale.............. 81 mill. ordinaire. 120   »
        Id   Id.   supérieur (1)......... 160 »
    Objectifs 4 p............. ordinaire............ 300   »
        Id.   Id.   supérieur............ 450   »

Les objectifs d'une grandeur au-dessus sont rarement bons ; on
ne saurait guère les vendre à garantie. — On en trouve dans
les prix de 500, 600 et 700 fr., suivant leur diamètre.

Pour faire avec les objectifs ci-dessus des objectifs à reproduction ou à paysage, il suffit de démonter le barillet de devant
portant le ménisque, et de le visser dans une monture à diaphragmes, du prix de 7 fr., 9 fr., 12 fr., 15 fr., 20 fr., que l'on
joint ordinairement à l'envoi de l'objectif double, à moins
d'avis contraire.

Appareils. — Chambre noire.

    Pour stéréoscopes 1/4 avec châssis à chariot......... f. 24   »
    Pour............ 1/4........................   20   »
    Pour............ 1/2........................   25   »
    Avec combinaison pour stéréoscope et pour 1/2......   34   »
    Normale..   35   »
    21 + 27 à soufflet carré à crémaillère à déplacement.
    Châssis avec cadres intérieurs portant glaces de 18 +
        24, 13 + 18, avec rideau mobile appliqué sans cou-
        lisse...................................   80   »
    Cette même grandeur dans les formes ordinaires, sans
        soufflet, etc.   50   »
    Pour 27 + 35, à soufflet, comme la précédente. 130   »

(1) Il est extrêmement difficile de trouver un objectif parfait. —
On ne comprend pas comment ils pourraient être cotés aux mêmes
prix. La différence du prix vient de la différence des verres et du
poli.

Forme ordinaire 27 +- 35...................... f. 65   »
Les grandeurs au-dessus de gré à gré. Prix proportionnel à la grandeur.

Porte-Appareils. — Pied d'atelier.

Pour une chambre 1/4........................... 15   »
Pour   id.   1/2........................... 18   »
Pour plaque normale........................... 25   »
Pour   id.   en chêne, beau modèle....... 32   »
Pour chambre 21 +- 27. — En chêne à pédale et à
    crémaillère, bascule, etc. Beau modèle....... 35   »
Pied porte-appareil en fer...................... 200   »
Pieds brisés pour la campagne :
Pour chambre 1/4.............................. 10   »
Pour   id.   1/2........................... 15   »
Pour   21 +27........................... 25   »

Appui-tête.

En bois se fixant au siége...................... 6   »
Indépendant plate-forme en bois, à genouillère....... 10   »
    Id.   avec plate-forme en fonte............. 15   »

Boîtes à glaces.

Pour stéréoscopes 24 rainures, poignée en cuivre..... 3   »
Pour glaces 1/4, 24 rainures...................... 2   »
Pour id. 1/2   id.   poignée en cuivre...... 3   »
Normale...................   id.   4   »
Pour 21 + 27...........   id. 5 50
Pour 27, 35..........   id. 6 50
Boîte polisseuse avec compartiments.............. 1 50
Deux tampons en peau de daim (1)................ 1 50

(1) Avec ce système de tampons, l'opération du polissage marche rapidement et bien.

Manière d'opérer. — La glace neuve ou en service doit être lavée

Un pinceau à épousseter les glaces. . . . . f. 1 50
Un crochet en argent. 2 50
Craie Lévigée. . . . . » 50
Une boîte tamis pour la craie Lévigée. . . . . » 75
Pinceau pour dégrader l'épreuve. 1 50
On peut demander séparément chaque objet complétant la boîte.
Nous ne donnons pas de prix-courant pour les planchettes à polir. — Toutes celles qui sont dans le commerce sont si incommodes que nous préférons de beaucoup tenir la glace par un angle, entre l'index, le médius et le pouce, en la pressant contre la poitrine. Toutefois, on peut nous en demander, nous expédierons les plus commodes et au prix du fabricant.

Châssis-presse pour positifs.

Nous donnons comme de raison la préférence au châssis-presse de notre invention pour lequel nous avions pris un brevet s. g. d. g., et qui, quoique plus cher que les autres, nous paraît tellement supérieur que nous n'hésitons pas à ne donner que le prix de celui-ci :

Pour stéréoscope. . . . . f. 15 »
       1/2 . . . . 16 »

d'abord à grande eau, puis posée de champ sur une feuille de papier buvard. Lorsqu'elle est sèche, prenez un chiffon propre imbibé d'alcool et frottez-en également les deux côtés, puis essuyez fortement les épaisseurs de la glace. Tamisez un peu de craie sur la glace, mouillez un autre chiffon avec de l'alcool, et promenez pendant une minute sur cette face, laissez sécher. Lorsque la craie étendue sur la glace est sèche, prenez le tampon n° 1, frottez la glace assez vivement ; prenez le tampon n° 2, et frottez de nouveau. Puis enfin, avec un chiffon sec et propre, frottez légèrement afin d'enlever les dernières poussières produites par la craie ; quatre ou cinq minutes suffisent pour rendre parfaitement propre la glace la plus difficile. — Nous avons renoncé à l'ammoniaque, et nous pensons que l'alcool faible est, sans contredit, ce qu'il y a de mieux pour obtenir une pureté complète.

Lorsque le tampon n° 1 manque de craie, il faut en tamiser sur la glace et la tamponner, afin que le blanc puisse sécher la glace ; le tampon n° 2 doit être à peu près sans blanc.

Pour normale.. f. 18   »
    21-27.. 20   »
    27-35.. 30   »

Cuvettes plates en gutta-percha.

Pour 1/4.. 2   »
    1/2.. 3   »
    normale...................................... 4   »
    21-27.. 6   »
    27-35.. 10   »

Cuvettes profondes pour bain d'argent négatif avec rebord.

Pour 1/2.. f. 6   »
    normales..................................... 8   »
    21-27.. 10   »
    27-35.. 15   »

Nous ne donnerons pas des prix pour des grandeurs au-delà. On comprend si bien aujourd'hui le peu de valeur des photographies au-dessus de cette grandeur, que les opérateurs se bornent à cette dimension. — Cependant, nous le répétons, nous expédierons les grandeurs et les qualités demandées.

Doigtiers en caoutchouc.............. la pièce. f. » 25
Gants .... la paire. 10   »

Nous engageons nos clients à ne pas s'en servir ; à tout prendre, il vaudrait encore mieux se servir d'une forte paire de gants de peau, mais aucun de ces moyens ne vaut rien ; on est fort maladroit avec des gants, et ceux en caoutchouc sont impossibles. — Nous n'admettons les doigtiers que dans le cas d'un mal survenu à un doigt, d'une écorchure, etc., et pour le garantir des acides, etc.

Entonnoirs en gutta-percha.

Les quatre entonnoirs............................. f. 4   »

Vase à bec pour verser l'acide pyrogallique — en gutta-percha.

Grandeur normale........................... f. 2 »

Glaces minces pour négatifs (1).

Stéréoscopes .... la pièce.	» 70
1/4	» 70
1/2	1 10
Normale..............................	1 50
21 + 27	1 90
27 + 33	3 25
Verre dépoli pour chambre noire normale........	1 50
Pour 21 + 27	2 »

Entonnoirs en verre.

Le jeu complet pour l'usage de la photographie..... 1 50

Verres gradués en c. c. — ou grammes.

Verre gradué pour l'eau............ 125 c. c. g.	3 »
Id. pour collodion......... 60 c. c. g.	2 50
Id. pour l'acide acétique.... 25 c. c. g.	2 »
Mortier et son pilon........................	2 50
Loupe de 60 à 80..........................	7 »
Verre à bec pour verser l'acide pyrogallique — en cristal....................................	1 50

Papiers pour positifs.

Français......................... la main.	2 50
Id. extra-fin (2)......................	3 »

(1) Prix variables.

(2) Cette année le papier français est très mauvais, et par contre le papier Saxe est très beau.

Allemand (Saxe), grand format.................. f. 4 50
   Id.   Id.   Id.   salé.............. 5 50
   Id.   Id.   petit format................. 3 50
Anglais....................... 6 »
Filtres ronds. . . . . 33 . . . . 1 25
   Id.   . . . . 45 . . . . 2 50
Papier Joseph pour essuyer les verres, cuvettes, etc.,
   la rame. 7 »
Papier buvard........................ 13 »
Plus fort........................ 15 »

NOTA. — Nous prévenons les clients que nous aurons à leur disposition du papier sensible, sans qu'il soit besoin de le comman-
der d'avance, nos travaux nous obligeant à en préparer tous les
jours pour notre propre consommation. *Papier sensible* 18 + 24,
la feuille. » 40

Papier albuminé non salé pour transport du négatif.

Procédé BELLOC...................... la main. f. 6 »
Salé albuminé (1)..................... la main. 6 »
   Id.   supérieur............... la main. 10 »
Encaustique lustrée de Belloc et Clausel.... la boîte. 2 50

(1) Nous engageons nos clients à demander le papier salé ou albuminé, *coupé* en 18 + 24 ou 21 + 27, etc. Il est à peu près impossible d'albuminer ou de saler la feuille entière sans la *casser* ou la *sa-
lir*. Pour nous, quoique ce soit une question de temps, nous aimons
mieux le fournir coupé et sans augmentation de prix.

PRODUITS CHIMIQUES POUR LA PHOTOGRAPHIE.

Acide acétique cristallisable	le kil. f. 12	»
Acide citrique, 1er bl. diaph. cristallisé. . . .	le kil. 10	»
Acide gallique.	le kil. 40	»
Acide nitrique pur à 40°.	le kil. 3	»
Acide nitrique monohydraté.	le kil. 5	»
Acide pyrogallique sublimé	le kil. 200	»
Acide sulfurique pur	le kil. 4	»
Acide tartrique 1re bl. en crist.	le kil. 8	»
Alcool de vin rectifié à 36°.	le litre 3	50
Alcool à 40°.	le litre 4	»
Ammoniaque pure à 25°.	le kil. 3	»
Benzine incolore.	le litre 2	50
Bichromate de potasse rouge.	le kil. 4	»
Bichromates jaune et rouge purs.	le kil. 10	»
Brôme pur.	le kil. 40	»
Bromure d'ammonium.	le kil. 60	»
Bromure de cadmium	le kil. 80	»
Chlorure d'or	le gramme. 2	50
Chlorure de platine.	le gramme. 1	»
Chlorure de sodium pur.	le kil. 2	»
Craie Lévigée	le kil. 4	»
Cire-vierge pure.	le kil. 7	»
Citrate de fer soluble en paillettes.	le kil. 20	»
Collodion concentré (très dense).	le kil. 12	»
Collodion fluidité convenable	le kil. 9	»
Collodion ioduré (maximum de sensibilité). 100 c. c.	2	»
Collodion inaltérable ioduré id. . . . 100 c. c.	2	»
Collodion fluide normal. . . . . 60 c. c.	»	60
Collodion fluide id. . . . . 80 c. c.	»	80
Coton soluble.	le kil. 50	»
Cyanure de potassium en plaques	le kil. 12	»
Cyanure de potassium en poudre	le kil. 20	»
Dextrine.	le kil. 1	25
Essence de lavande.	le kil. 8	»
Essence de térébenthine rectifiée.	le kil. 1	80

Éther ioduré (dernière formule)	30 c. c. f.	**1**	40
Éther sulfurique à 56°.	le kil.	**6**	»
Éther sulfurique à 62°.	le kil.	**6**	50
Éther ioduré (dernière formule).	le kil.	**12**	»
Gélatine blanche d'Angleterre.	la kil.	**12**	»
Hyposulfite de soude.	le kil.	**1**	50
Iode sublimé	le kil.	**45**	»
Iodure d'ammonium cristallisé	le kil.	**80**	»
Iodure de cadmium	le kil.	**80**	»
Iodure de potassium cristallisé	le kil.	**60**	»
Iodure de zinc	le kil.	**80**	»
Kaolin 1re blanc. pur.	le kil.	**2**	»
Liqueur génératrice (2e formule)	200 c. c.	**2**	»
Mercure métallique	le kil.	**8**	»
Nitrate d'argent cristallisé.	le kil.	**170**	»
Nitrate d'argent fondu blanc, en plaques	le kil.	**180**	»
Nitrate de potasse pur	le kil.	**4**	»
Potasse caustique, en plaques	le kil.	**3**	»
Sel ammoniac blanc pur.	le kil.	**4**	»
Sel d'or de Gelis et Fordos.	le gramme.	**3**	»
Sucre de lait.	le kil.	**4**	»
Sulfate de fer pur	le kil.	**1**	20
Vernis blanc pour négatif.	le litre	**16**	»
Vernis noir pour positif direct	le litre	**12**	»
Vernis rose pour épreuves positives.	le litre	**16**	»

Balance à bascule.

La seule commode pour nos produits, avec la série de
poids de la fraction du 1/2 gramme à 50 gram-
mes . . . .   **15** »

Bristol.

Bulle en trois, très fort, très beau, sans boutons, le cent.   **36** »
Coupé en quatre, il donne une grandeur pour l'é-
preuve normale avec belle marge.
Coupé pour stéréoscopes . . . . le mille.   **22** »

Passe-partout.

Nous n'emploierons pas la nomenclature ordinaire,
elle est trop longue et trop embrouillée.

Noir, marron ou écaille pour positif direct ou pour
plaque, biseau bronze, etc.

Pour 1/9 . . . . la douzaine. f. 3 »
    1/6 . . . . la douzaine. 3 50
    1/4 . . . . la douzaine. 6 »
    1/3 . . . . la douzaine. 7 50
    1/2 . . . . la douzaine. 9 »

Le passe-partout blanc, beau Bristol uni ou chagriné
pour normale. . . . . 12 »

Supérieur en verre et carton. . . . . 14 »

21 + 27 . . . . 18 »
    Id. supérieur. 24 »

Et toujours dans les proportions croissantes suivant la
finesse et la grandeur.

Cadres en plastique chêne ou bois de couleur.

Grandeur normale, ovale ou coins ronds propres à contenir le passe-partout. . . . . la douzaine. 18 »
    Id.   Id.   plus beaux. . . la douzaine. 24 »

Toujours en raison de la grandeur, le prix du cadre
augmente ou diminue.

Cadres dorés avec ornements.

Ovales ou coins ronds (grandeur normale), pouvant recevoir le passe-partout. . . . . la douzaine. 55 »

Cadres dorés.

Baguettes demi-jonc, coins ronds ou ovales (grandeur normale) . . . . 36 »

Cadres noirs.

Ovales, coins ronds , polis au tour et vernis. — Noirs
ou couleur pour tenir le passe-partout (grandeur
normale). . . . . la douzaine. f. 46　»
Pour 1/2 . . . . 24　»
　　　1/3 . . . . 18　»
　　　1/4 . . . . 12　»
　　　1/6 . . . . 9　»

Cadres médaillons, écaille blonde ou brune.

Pour 1/6 . . . . la pièce.　2　»
　　　1/4 . . . . la pièce.　3　»
　　　1/2 . . . . la pièce.　4　50
Normale . . . . la pièce.　6　»

Ecrins. — Cadres en acier, peau maroquin.

La douzaine pour 1/6. . 39 fr.	Jumeaux	48 »
Id. 1/4. . 50	Id.	60 »
Id. 1/3. . 70	Id.	80 »
Id. 1/2. . 90	Id.	100 »

Cadres en cuivre doré ou argenté.

Peau maroquin . . 1/6. . 55 fr.	Jumeaux	65 »
Id. . . 1/4. . 60	Id.	70 »
Id. . . 1/3. . 80	Id.	80 »
Id. . . 1/2. . 108	Id.	120 »

Les formes les plus variées, les métaux les plus riches
peuvent concourir à une augmentation de prix.

On pourra s'en rapporter à nous pour le choix et le
soin apporté aux intérêts de nos clients.

Vues stéréoscopiques sur verre, de 3 à 6 fr. pièce, par les meilleurs opérateurs, très belles, mais variables de prix à cause du sujet.

Sur papier en noir, de 4 à 15 fr. la douzaine.

Portraits sans retouche, pour montres. . la pièce. f. 10 »

Portraits retouchés a l'huile . . . . 30 »

Portraits retouchés a l'aquarelle. . . . . 20 »

Clichés spécimen . . . . 10 »

Sur commande, on exécutra les portraits, les reproductions, etc. — On enverra les clichés, les positifs, etc., etc

Paris. Typ. d'Emile Allard, 11, rue d'Enghien

PRÉFACE.

L'accueil bienveillant fait à notre premier *Traité de Photographie*, l'empressement avec lequel ont été reçues les *Quatre Branches de la Photographie*; la première édition de cet ouvrage épuisée en quelques mois, tout nous faisait un devoir d'en préparer une deuxième édition. Mais comme il s'agissait d'un livre ayant pour objet un art en voie de développement, dont les progrès sont rapides et les modifications incessantes, une seconde édition, si rapprochée qu'elle fût de la première, eût été déjà insuffisante. Nous avons donc pensé, après avoir recueilli des observations toutes nouvelles et de nombreux matériaux, devoir changer la forme de notre ouvrage, afin de le mettre, tout à la fois, à la hauteur des expériences les plus récentes et à la portée des intelligences les plus étrangères et des esprits les moins initiés aux théories scientifiques et à la pratique du laboratoire.

A nos considérations générales, à nos théories, à notre manuel opératoire, nous ajoutons aujourd'hui une sorte de catéchisme, comme étant la meilleure forme didactique et la plus parfaite pour initier rapidement.

Une longue expérience de l'enseignement nous a démontré que, même en sortant du laboratoire du maître, l'élève n'en a pas moins beaucoup de peine à réussir complètement ; c'est alors qu'un résumé clair, précis, substantiel de toutes les opérations, lui serait nécessaire pour compléter son éducation photographique et lui assurer des succès constants et durables, et non pas ces réussites de hasard dont certains amateurs peuvent bien être fiers, mais qui ne seront jamais appréciées par l'opérateur photographe.

Nous n'annonçons pas notre catéchisme comme un événement ; nous sommes même persuadé que beaucoup d'opérateurs photographes savent parfaitement ce que nous allons dire ; mais ce n'est point à eux que nous nous adressons ; notre but est d'être utile, avant tout, aux commençants, à ceux qui, peu familiarisés encore avec les théories ou avec la pratique, ont plutôt besoin d'épeler, pour ainsi dire, que de lire couramment.

Cette toute nouvelle édition, entièrement remaniée, refondue et augmentée, est destinée, nous le répétons, à ceux qui, ne sachant rien, ou peu de chose encore, ont le désir d'apprendre vite et bien.

Notre catéchisme, résumé des meilleurs procédés, en leur épargnant la peine de compulser tous les autres ouvrages, et la difficulté de choisir parmi les formules, nous semble propre à former rapidement des maîtres qui pourront aussi se faire initiateurs des progrès qu'ils auront accomplis, et mettre à leur tour leurs élèves en mesure d'obtenir, avec une égale constance, toujours les mêmes succès.

A. B.

PHOTOGRAPHIE

SUR COLLODION.

DE LA PHOTOGRAPHIE EN GÉNÉRAL.

D'après l'étymologie de ce mot, on serait porté à croire qu'il s'agit de l'art de dessiner par la lumière. Mais est-ce bien la lumière qui dessine ? N'est-ce pas plutôt l'objectif qui voit, qui dessine, tandis que l'azotate d'argent se décompose sous l'action actinique ? Quoi qu'il en soit, il serait puéril de mettre en question la valeur d'un mot accepté, usité déjà depuis plus de quinze ans.

La Photographie est l'art de fixer un dessin, au moyen de la chambre noire, sur une plaque d'argent, sur du papier, ou sur du verre préparé.

La Photographie se divise en quatre branches :

1° La *Daguerréotypie*, expression qui, en même temps qu'elle consacre la gloire de Daguerre, désigne l'ensemble des moyens employés par ce grand expérimentateur pour obtenir et fixer des images sur la plaque d'argent ;

2° La *Talbotypie*, procédé créé par M. Fox Talbot, pour obtenir des images sur papier ;

3° La *Niepçotypie*, méthode de M. Niepce de Saint-Victor, modification du procédé sur papier ;

4° Enfin, l'*Archérotypie*, autre modification, plus heureuse encore, du même procédé.

La Daguerréotypie, ainsi que les trois autres branches de la Photographie, est fondée sur l'impressionabilité, bien connue en chimie, des sels, et surtout des iodures d'argent. Mais il y a cette différence entre la Daguerréotypie proprement dite et les autres procédés photographiques que, dans le procédé de Daguerre, l'iodure d'argent est avec excès d'iode, tandis que dans les trois autres modes de photographie, l'iodure est neutre et en contact d'un excès de sels solubles d'argent. Il en résulte cette différence que, sur la plaque d'argent, l'image est formée directement, c'est-à-dire que les blancs du modèle y sont représentés par des blancs, et les noirs par des noirs, tandis que sur le papier ou sur le verre *al-bumino-iodure* , ou *collodiono-iodure* , les blancs du modèle sont représentés par des noirs et les noirs par des blancs, ce qui nécessite deux opérations distinctes pour obtenir un dessin parfait.

L'iodure d'argent est presque exclusivement employé à recevoir les images dans la chambre noire et à produire des négatifs. Sous l'action de la lumière, l'iodure d'argent est décomposé assez lentement , mais il suffit de l'exposer un instant aux rayons lumineux pour que sa décomposition s'effectue rapidement sous l'influence de certains réactifs chimiques qui n'ont presque aucune action sur l'iodure d'argent conservé dans l'obscurité. Ces réactifs prennent indistinctement les noms d'agents révélateurs, continuateurs ou réducteurs.

Le chlorure d'argent réservé à la production de la contre-épreuve ou à la copie des négatifs, se transforme en argent métallique sous l'action des rayons actiniques , sans qu'il soit nécessaire d'employer pour cela des agents continuateurs.

Nous pensons même qu'il n'existe pas d'agent continuateur pour le chlorure d'argent, car les essais tentés dans cette voie , n'ont abouti , que nous sachions, à aucun résultat satisfaisant.

Chacun de ces procédés photographiques a illustré son auteur et inscrira son nom dans les fastes de la science, tandis que le véritable créateur de tous ces systèmes est à peu près oublié de tout le monde.

C'est toujours l'histoire d'Améric Vespuce et de Christophe Colomb. Daguerre, Talbot, Niepce de Saint-Victor, Archer, sont exaltés par la France et par l'Angleterre, qui s'en glorifient ; mais qui connaît le nom du véritable inventeur de la Photographie ? Qui a entendu parler de Joseph Nicéphore Niepce ? Avant lui, Wedegewood, Davy, Charles, etc., avaient bien reconnu (voir les *quatre branches de la Photographie*) l'impressionabilité des sels d'argent ; mais aucun d'eux ne s'était avisé d'en conclure la possibilité d'obtenir des images durables des objets extérieurs, à l'aide de la chambre noire, ou, du moins, si quelques uns d'entre eux en avaient eu quelque soupçon, le succès n'avait point couronné leurs efforts.

La mort surprit le grand Niepce au milieu de ses expériences de gravure héliographique, que son neveu, M. Niepce de Saint-Victor a poursuivies avec tant de bonheur. Ces expériences, si faibles qu'en soient encore les résultats, n'en sont pas moins le point de départ d'une invention originale, d'un art nouveau du plus haut intérêt et qui est destiné, sans nul doute, à devenir le complément naturel de la Photographie.

Les expériences diverses de photo-lithographie qui ont le mieux réussi jusqu'à présent, n'ont pas encore produit, cependant, ce qu'on peut appeler des résultats parfaits ; le dessin est rarement complet sur la pierre ; il nécessite de nombreuses retouches, et, alors même qu'il est irréprochable, il ne saurait fournir un grand tirage. Ajoutez à cela que l'image est souvent d'un grenu peu agréable et qu'elle manque de lumières. Tous ces procédés ont pour base ou à peu près le principe indiqué par Nicéphore Niepce.

La zinco-photographie, que nous étudions depuis un an, nous a donné déjà d'assez beaux résultats, mais encore trop faibles, cependant, pour que nous puissions publier quelques spécimens qui donnent une idée bien avantageuse de ce nouveau genre de gravure. Une fois arrivé à sa pleine réussite, ce nouveau procédé d'impression unira à la précision exquise d'un dessin obtenu par l'objectif, à la finesse du trait, à la douceur de l'aqua-tinta, qui distingue à un si haut degré l'épreuve photographique, les qualités précieuses des impressions à l'encre grasse : rapidité d'exécution, solidité et bon marché de l'épreuve.

DE LA PHOTOGRAPHIE SUR COLLODION.

CHAPITRE PREMIER.

Il y a quelques mois à peine, nous écrivions :

« M. Archer a doté la Photographie d'une mé-
» thode remarquable, qui, pour la beauté et la con-
» stance des résultats, la facilité et la rapidité des
» opérations, tend de jour en jour à se substituer
» aux anciens procédés.

» .... Douceur, finesse, modelé, facilité
» d'emploi, rapidité d'exécution, rien ne manque
» au procédé de M. Archer. — Tout le monde
» n'est cependant pas encore du même avis sur ce
» point, et il ne manque pas de personnes qui nient
» les mérites de la Photographie sur collodion, etc.»

Depuis cette époque, la lumière s'est faite, les yeux
des plus aveugles se sont ouverts; un de nos grands
opérateurs sur papier a dû apporter en campagne
et préparer sur le lieu même, les glaces collodion-

nées qui devaient lui donner ses clichés, n'ayant pu obtenir de son papier négatif d'épreuve satisfaisante.

Au moment où notre dernier traité (*les Quatre Branches*) était en voie de publication, les dernières expériences pour conserver humide l'iodure d'argent sur la glace collodionnée réussissaient pleinement, et nous disions que, si un trop grand enthousiasme ne nous abusait, le triomphe du procédé collodion était assuré. La conservation de la sensibilité du collodion ioduré est un problème résolu, et plusieurs tentatives couronnées de succès, qui ne se démentent point depuis plus de dix mois, ne laissent aucun doute à cet égard. Le procédé Taupenot, de regrettable mémoire, est, sur ce point, un des plus parfaits. Il faut bien avouer cependant qu'il a aussi son côté faible ; du reste, il sera toujours utile, sinon indispensable, de connaître les différents moyens de préparer le collodion ioduré d'avance, pour faire la préparation qui conviendra le mieux au sujet à reproduire. Nous avons constaté (page 198 des *Quatre Branches de la Photographie*) que, en 1852, c'est-à-dire dès le début du procédé, nous avons essayé de soumettre la glace collodiono-iodurée aux mêmes lavages que l'albumine, espérant obtenir au moins les mêmes résultats ; les résultats furent, en effet, ceux que donne l'albumine. Seulement, l'image étant parfaitement développée, le collodion se détacha de la glace en fragments de feuilles noires semblables à du papier brûlé; cette unique expérience, nous ne la recommençâmes pas, persuadé que ce soulèvement de la couche tenait au procédé lui-même, et non pas à la qualité du coton soluble. Cependant, comme là seulement était la vraie cause, si, à cette époque, nous eussions possédé l'expérience que depuis nous avons acquise, nous sommes persuadé que le problème du collodion sec eût été résolu presque en même temps que la découverte du procédé.

Les expériences récentes de M. l'abbé Despratz et de quelques autres amateurs mis sur la voie par les lignes que nous écrivions en 1853, prouvent que le procédé était bon; nous avons repris ces mêmes expériences, et nous pouvons affirmer que de tous les procédés c'est assurément le meilleur, celui qui sera infailliblement préféré et mis le plus constamment en pratique, parce qu'il est à la fois le plus simple et le plus sûr.

DES OBJECTIFS,

Du foyer optique et du foyer chimique.

~~~

CHAPITRE II.

Il est extrêmement rare de trouver un objectif dont l'*achromatisation* (1) soit tellement parfaite, que les deux foyers, *optique* et *chimique*, n'en fassent qu'un seul, dont les courbures bien calculées ne produisent aucune déformation, dont la longueur focale

(1) L'achromatisation est une correction que l'on fait subir aux instruments d'optique, et grâce à laquelle on détruit les effets de la dispersion de la lumière.

La dispersion des rayons lumineux fait qu'au foyer d'une lentille l'image d'un point éclairant, d'une étoile, par exemple, n'est pas un point blanc et nettement tranché; mais bien un petit cercle irisé qui représente mal le point auquel il doit sa formation. Par l'achromatisme, on efface le cercle coloré et on rétablit la correspondance parfaite entre l'objet et son image.
~~~

soit telle, qu'il n'en résulte un champ ni trop vaste, ni trop restreint ; en un mot, il est fort difficile de rencontrer un objectif parfait.

Mais le défaut capital d'un objectif ne consiste pas dans la non-coïncidence du foyer optique avec le foyer chimique, car, une fois la distance des deux foyers établie, si l'instrument fonctionne sans rien laisser à désirer du côté de la netteté et de la précision, l'opérateur peut le considérer comme bon, et doit le conserver avec soin.

Le défaut principal d'un objectif, véritable *vice redhibitoire*, consiste dans la déformation partielle ou totale de l'image, ce qui provient, soit de la disposition particulière de la lentille, soit de la matière employée à sa confection, soit des courbures qu'on lui a données, et qui ne laissent de netteté qu'à un tout petit espace de l'image reproduite, tandis que les autres parties demeurent confuses et difformes. Ainsi, il n'est pas rare de trouver des objectifs à portrait qui donnent l'image de l'œil très nette, pendant que la moustache, par exemple, à peine indiquée, reste à l'état d'ébauche, et que les parties encore plus éloignées du foyer sont déformées et d'un vague désespérant.

Il n'est, toutefois, pas impossible de construire

des lentilles achromatiques ou des systèmes doubles de lentilles achromatiques tels, que les deux foyers y coïncident, et quelques opticiens ont souvent résolu ce problème.

Toutefois, nous ne croyons pas que la solution ait été encore entièrement formulée et traduite en règles invariables, et, quelle que soit notre confiance dans une maison recommandée, nous ne saurions accepter un objectif sans l'essayer préalablement avec soin, afin de déterminer l'absence de foyer double, ou le repère à adopter, si le double foyer existe, pour reconnaître la bonne ou mauvaise qualité des lentilles, etc., etc.

Déjà depuis longtemps les objectifs à système de lentilles doubles étaient entre les mains des opérateurs, et personne ne s'était encore aperçu que le plus grand nombre de ces objectifs était entaché du défaut assez grave de la non-coïncidence du foyer optique avec le foyer chimique.

Ce fut M. Claudet qui découvrit ce défaut. Le 20 mai 1844, cet habile expérimentateur communiqua à l'Académie des sciences les résultats des recherches auxquelles il s'était livré dans le but d'affranchir la Photographie des causes d'insuccès venant du défaut d'achromatisation des lentilles.

Aujourd'hui, grâce à cet infatigable chercheur, personne n'ignore que, le plus souvent, le foyer d'action photogénique ne coïncide pas avec le foyer visuel formé par les rayons lumineux ;

Que la différence de ces deux foyers varie suivant l'achromatisation des lentilles et suivant leur pouvoir dispersif ;

Que dans presque tous les objectifs achromatiques, le foyer chimique est plus long que le foyer optique ;

Que la distance entre ces deux foyers varie avec la distance de l'objectif au modèle.

Il est très-facile de déterminer la différence qui existe entre les deux foyers, et M. Claudet a inventé à cet effet un petit appareil qui remplit assez bien son but. Nous croyons, cependant, d'après ce que nous avons dit plus haut, que le meilleur moyen de reconnaître les différences de foyer, consiste à essayer l'objectif en faisant un portrait. En effet, le petit appareil (écran-éventail) de M. Claudet est trop petit, et ne donne jamais le degré de *profondeur* qu'on cherche dans un bon objectif ; car, à supposer même que les deux foyers coïncidassent, on ne saurait dire pour cela à *priori* que l'instrument est bon, puisqu'il pourrait ne donner de parfaitement net qu'un petit espace de quelques centimètres carrés, ce que l'appareil **Claudet** n'indiquerait pas, mais dont on pourrait s'apercevoir en faisant un portrait, car on remarquerait dès la première épreuve où le trouble de l'image commencerait à se montrer. Mettez la ligne des paupières au foyer, le foyer chimique coïncidant rarement avec le foyer optique, vous ne trouverez pas aux paupières de l'épreuve cette finesse de détails que vous aviez remarquée sur la glace dépolie, mais vous la rencontrerez, par exemple, vers l'oreille, ou bien elle donnera au haut de la tête une telle précision, une telle netteté, que vous pourrez presque compter les cheveux du modèle. Plus de doute alors, le foyer apparent ne coïncide pas avec le foyer chimique, et ce dernier se trouve être le foyer conjugué de l'oreille ou des cheveux. Lors donc que vous aurez mis au foyer apparent, et que l'image de l'œil sera parfaitement nette, allongez (avant de mettre la glace sensible) le tube de l'objectif de deux millimètres environ ; dans le plus grand nombre de cas, ce repère sera le bon, ou à très peu de chose près ; une seconde épreuve rectifiera le résultat de la première expérience, et vous mettra à même de tracer le repère avec exactitude.

Par les trois expériences que vous venez de faire, vous aurez pu reconnaître la valeur de l'objectif, et vous saurez à quoi vous en tenir, non seulement sur l'achromatisation, mais encore sur l'aberration sphérique des lentilles.

Comme on le voit, en tenant compte de ces diverses circonstances, on peut parvenir à déterminer *à priori*, avec une précision presque mathémathique, le foyer chimique pour un objectif donné et pour chaque distance des objets à reproduire.

Toutefois, les tâtonnements qu'exige l'établissement d'un repère à chaque épreuve constituent un travail des plus gênants, et sont une cause fréquente d'erreurs et d'insuccès. Nous ne laisserons donc pas de recommander de nouveau le choix d'un objectif dont le foyer d'action photogénique coïncide avec le foyer apparent (1).

---

(1) Il est extrêmement difficile de trouver un objectif parfait. — On ne comprend pas comment ils pourraient être cotés aux mêmes prix. La différence du prix vient de la différence des verres et du poli.

Le fournisseur consciencieux est souvent fort embarrassé, et nous avons dû, quelquefois, faire attendre nos clients faute d'un bon objectif à leur envoyer.

DE LA CHAMBRE NOIRE

ET DES CHASSIS-PRESSE POSITIFS.

CHAPITRE III.

Tout appareil se compose de deux parties distinctes, quoique inséparables : l'objectif et la chambre noire. Si nous avons insisté sur l'importance qu'on doit attacher au choix de l'objectif, nous n'insisterons pas moins sur le choix, toujours assez difficile à faire, d'une bonne chambre noire.

Il faut, avant tout, s'assurer que la glace dépolie occupe exactement la place que doit prendre plus tard la glace collodionée ; car si, pour le plaqué d'argent, on peut perdre sans danger quelque peu de la netteté de l'image, il n'en est point ainsi quand on opère sur glace ou sur papier ; on perd bien assez dans le passage du négatif au positif.

Le châssis qui porte la glace collodionée doit être plus épais en bois que le châssis destiné au plaqué, afin qu'on puisse isoler la glace de tous les côtés, et ne la faire porter que sur les angles ; il faut, en outre, creuser dans la traverse inférieure du châssis, une petite rainure qui se dirige, en devenant de plus en plus profonde, vers un angle où l'on aura pratiqué, dans toute l'épaisseur du bois, un trou de 8 ou 10 millimètres d'ouverture, bouché avec une éponge ou du papier buvard ; la rainure et le trou donneront issue au liquide excédant qui ne remontera plus ainsi sur la couche de collodion, entraîné par la capillarité du verre, et ne tachera pas le négatif ; on pressera de temps en temps l'éponge, ou l'on changera le papier buvard.

Le volet doit être à charnières posées en haut du châssis, et armé à son milieu d'une lame-ressort qui maintienne la glace au foyer (1).

(1) Nous avons fait subir à la partie mécanique de la Photographie des modifications importantes. Notre chambre à soufflet à déplacement et à double soufflet, réduite à 0,7 d'épaisseur ; son châssis-applique, sans ressort ni coulisse, à volet-rideau articulé ; le pied porte-appareil et à pédale ; la boîte à escamoter les glaces de toute dimension, pour faciliter le changement

Quand l'opérateur porte le châssis pour l'installer dans la chambre obscure, il doit le tenir penché du côté du trou.

Les quatre angles du châssis destinés à supporter la glace, ainsi que les parties intérieures, la rainure, le trou, etc., etc., seront vernis ou enduits de gutta-percha ; cette substance fond comme de la cire à cacheter, il suffit de la frotter allumée sur les parties à enduire, elle s'y applique parfaitement.

En un mot, la chambre et le châssis doivent être parfaitement fermés. Le moindre trou, la plus légère fissure se traduirait sur le cliché par des taches noires de même forme que l'interstice, ou rendrait l'image impossible en couvrant le collodion d'un voile rougeâtre plus ou moins étendu.

Ce serait en vain qu'on aurait employé les meilleures substances, qu'on aurait pris les précautions les plus minutieuses, fût-on d'ailleurs le plus habile opérateur ; habileté, précautions, préparations, viendraient fatalement échouer contre la structure défectueuse de l'appareil.

en pleine campagne sans le secours d'aucun abri, etc., etc., sont autant d'inventions utiles à recommander aux photographes qui veulent entrer dans la voie du progrès.

Le châssis-presse pour positif, dont la plus grande partie des opérateurs se sert encore, ne nous paraît pas remplir les conditions voulues pour les négatifs ordinaires, et bien moins encore pour les négatifs sur collodion. Nous avons, à plusieurs reprises, essayé de donner au châssis-presse les qualités qui lui manquaient, et chacune de nos tentatives a été récompensée par quelque heureuse modification ; nous pouvons déclarer aujourd'hui que notre dernier modèle a atteint le plus haut degré de perfection connue. Il participe des différents systèmes de perfectionnement, il les combine, avec cette différence que, dans celui-ci, les deux glaces jumelles qui maintiennent les deux épreuves dans une juxta-position parfaite, sont dépendantes des volets à charnières et à ressort et qu'elles sont enlevées du même coup, ce qui abrège et simplifie la manœuvre. Ajoutez à cela qu'en substituant l'action mécanique à l'action manuelle, souvent compromettante pour le joint des glaces, et toujours fâcheuse pour le collodion imprimé, il donne à l'opération une précision absolue.

En effet, pour enlever et replacer alternativement ces deux glaces, il faut se servir des doigts ou de l'ongle, et tous les praticiens en ont reconnu les inconvénients pour la pureté et la conservation du cliché.

Voici en quels termes le journal *l'Invention*, dans son bulletin technologique, rend compte de notre presse, pour laquelle nous avions pris un brevet d'invention s. g. d. g. :

« ... Ce châssis, qui diffère essentiellement de ceux dont on se sert aujourd'hui, réunit tous les avantages : facilité de manœuvre, précision, solidité. Pour mieux faire apprécier le mérite de l'invention, il n'est pas sans intérêt de constater que depuis dix ans le châssis primitif n'avait presque pas subi de modification, et que le dernier perfectionnement laissait encore beaucoup à désirer sous le rapport de la longueur de la manœuvre, et à cause des corps élastiques employés à sa confection. Il restait donc un progrès sérieux à accomplir, dans le triple but d'abréger la manœuvre, d'éviter le bris des glaces-presses, et de conserver toujours intact de toute éraillure, le cliché le plus fragile.

» En substituant les glaces-presses à la planchette *drapée*, les ressorts au vis, les charnières aux coulisses, M. Belloc avait rempli la moitié du programme.

» En rendant les glaces-presses dépendantes des

3

ressorts et des volets, c'est-à-dire en substituant l'action mécanique à l'action manuelle, il a porté au plus haut degré de perfection ce petit appareil, un des plus utiles à l'opérateur, et sans la précision duquel il ne saurait jamais avoir le vrai fac-simile des lignes de son épreuve négative (1). »

(1) Nous avons laissé dans le domaine public la fabrication de ce châssis, pour lequel nous avions pris un brevet d'invention s. g. d. g.

DU LABORATOIRE.

Conseils à suivre, précautions à prendre.

CHAPITRE IV.

Une pièce entièrement fermée à la lumière est indispensable à l'opérateur. Si elle est éclairée par une fenêtre, et qu'il veuille conserver ce jour, il devra le rendre d'une couleur antiphotogénique.

A cet effet, il garnira l'ouverture de deux rideaux superposés, l'un jaune jonquille, l'autre rouge ; et, par excès de précaution, lorsqu'il préparera ses glaces collodionées, qui sont éminemment sensibles, il pourra couvrir les deux rideaux d'un troisième, vert ou noir.

Ceci ne saurait le dispenser d'avoir une petite lampe, dans tous les cas indispensable, pour juger de la venue de l'image.

L'éther étant une substance très inflammable, on ne devra jamais faire ou modifier les collodions à la lumière de la lampe.

Si le photographe opère dans un cabinet noir, éclairé par une lampe, il devra, même en collodionnant la glace, s'en tenir aussi loin que possible.

Il faut ne jamais toucher aux flacons, aux châssis, aux cuvettes, etc., sans s'être lavé soigneusement les mains.

Au moment de verser le collodion sur la glace, essuyez le goulot du flacon avec un chiffon propre, destiné à cet usage; le collodion qui se fige au gou—lot, tombe par parcelles avec le collodion liquide, et fait des traînées (1).

Avant de se servir d'un châssis, il faut frapper dessus pour en détacher les poussières, le nettoyer avec soin, essuyer l'humidité des bords.

Faites les filtres pointus, et enfoncez-les jusqu'au fond de l'entonnoir; par ce moyen, ils filtreront bien, et ils dureront davantage. Un filtre pour collodion pourra servir pendant une huitaine de jours et celui qui est destiné au nitrate d'argent n'aura besoin d'être remplacé qu'au bout d'un mois.

Que chaque entonnoir reste affecté à son usage;

(1) Cette précaution devient inutile si vous ne vous servez du flacon qu'une seule fois, ainsi que nous le disons ailleurs.

après qu'il a servi, renversez-le, muni de son filtre, sur une planche du laboratoire, et à l'abri de la poussière.

L'hyposulfite de soude est une solution très dangereuse à côté des bains d'argent et des flacons de collodion : il faut la reléguer à l'extrémité du laboratoire.

Si la disposition du local le permettait, il serait bon de fixer les épreuves négatives, mais surtout les positives, ailleurs que dans le lieu destiné aux autres manipulations, la moindre goutte des agents fixateurs pouvant tacher les images non encore terminées, ou décomposer les bains, etc. Après la fin de chaque opération, il faut se laver les mains avec le plus grand soin avant de recommencer un autre négatif.

Que chaque chiffon reste affecté à son usage particulier.

Qu'il en soit de même pour les flacons et les cuvettes.

L'agent révélateur (acide pyrogallique), combiné avec l'acide acétique, s'affaiblit et se décompose assez vite; n'en faites que pour le besoin de la journée.

Préparez toutes vos solutions à l'eau distillée,

excepté celle d'hyposulfite de soude et celle de chlorure d'or (1).

Les photographes, les amateurs surtout, redoutent,
et avec raison, les taches produites par le nitrate
d'argent, et cette crainte paralyse leurs mouvements,
et leur ôte beaucoup de leur adresse. Rappelons ici
qu'un photographe habile, M. Humbert de Molard,
a indiqué un *spécifique* qui doit ôter toute appréhen-
sion à cet égard.

Une pincée d'iode, deux pincées de cyanure de
potassium, quelques gouttes d'eau pour dissoudre le
tout suffisent à nettoyer les taches des linges et des
mains ; prenez-en avec le bout du doigt, et humectez
les parties maculées, la tache disparaît instantanément, ou passe au rouge si elle est vieille ; terminez
le lavage au savon et à la pierre-ponce en poudre, et
rincez avec soin.

N'oubliez pas que le cyanure de potassium est un
poison violent ; il serait peut-être plus sage de garder
les doigts noirs, et d'exclure totalement du labora-

---

(1) Quelques expériences nous ont convaincu que, même
pour les solutions d'argent et d'acide pyrogallique, l'eau distillée n'était pas d'une nécessité absolue, et pouvait être remplacée
par de l'eau de source.

toire une substance douée d'une action toxique aussi dangereuse.

Des cuvettes, cuves, bassines, etc. (1).

Les cuvettes ou bassines destinées à la photographie méritent une attention toute particulière. Nous pensons qu'on doit donner la préférence aux cuvettes en gutta-percha; cette matière prend toutes les formes, ne se décompose pas sous l'influence des substances chimiques, et n'est pas sujette à la casse.

On doit les tenir propres et les renverser, après le service, sur les planches du laboratoire destinées à cet usage. Quand elles sont neuves, ou quand elles sont un peu trop salies par les dépôts argentifères, on doit les décaper avec de l'eau fortement acidulée, ou même avec l'acide nitrique pur, les laver à l'eau ordinaire, les rincer avec de l'eau distillée, et les faire sécher.

Il est bien entendu que nous ne parlons ici que des cuvettes destinées aux bains d'argent et de sel ; quant

(1) On trouve un assortiment complet de vases de toute sorte en gutta-percha, bois et gutta, dans nos ateliers, rue de Lancry, 16, au troisième étage.

à celles qui servent aux bains d'hyposulfite et au lavage des épreuves positives, leur extrême propreté n'est pas d'une aussi grande importance; ce qui est bien autrement important, c'est qu'elles soient exclues du laboratoire.

L'opérateur pourra, pour les lavages des épreuves positives, employer tel ou tel vase indistinctement, en bois, en terre cuite, etc., etc., mais il ne pourra se dispenser de joindre à son bagage de voyageur :

Une cuvette ou cuve pour le bain négatif,

Une cuvette pour le bain positif,

Une cuvette pour le bain de sel,

Une cuvette pour le bain d'hyposulfite,

Une cuvette pour le bain de chlorure d'or, acide,

Une id. id. id. id. alcalin (1).

(1) Nos ateliers sont toujours pourvus de cuvettes en gutta-percha épurée, et nous pouvons affirmer qu'elles sont d'une matière pure, et sans action sur les bains.

DE LA DISPOSITION DE L'ATELIER DE POSE,

et du mode d'éclairement.

CHAPITRE V.

On s'est demandé souvent comment, dans des conditions presque identiques de lumière de collodion et de milieux, il arrivait de produire des clichés plus ou moins dissemblables de modelé ; quelques degrés de variation dans la ligne de la pose suffisent pour produire cette diversité, et l'on peut se convaincre, par exemple, que si l'on tourne le dos du modèle vers le couchant, de telle sorte que le grand côté du trois quarts soit éclairé du nord, on aura toujours, toutes choses égales d'ailleurs, un modelé des plus satisfaisants ; il ne saurait en être de même si le modèle regarde le couchant. L'image restera alors, quoiqu'on fasse, toujours plate et sans aucun relief. Cet effet, connu de beaucoup d'opérateurs qui n'ont pas su remonter à la cause, est une des raisons qui nous obligent à faire poser nos modèles presque toujours dans le même sens, ce qui a été parfois l'objet d'une critique sans expérience. Mais nous avons cru devoir persister, préférant à une plus grande variété de poses, ce relief stéréoscopique que l'on admire dans les épreuves obtenues dans les conditions rationnellement indiquées.

Si l'on peut disposer d'un terrain propre à établir un salon vitré pour la pose, on devra le faire construire de telle sorte, que le jour éclairant soit du nord (côté vitré) et la *demi-teinte* du midi (côté vitré). Les deux autres côtés du parallélogramme, ou fond, devront être bien tendus et de couleur ardoise ou ardoise clair. Le modèle, nous le répétons, devra regarder le levant. Quelle que soit d'ailleurs la disposition de l'atelier, il est indispensable de faire toujours poser le modèle sous une tente, jamais sous le verre ; car, dans ce cas, la lumière, tombant perpendiculairement sur la tête, éclairerait beaucoup trop le front et solariserait cette partie, pendant que le reste de la figure serait comme éclipsé. Il faut faire venir la lumière presque horizontalement, à 45° au moins, afin que le dessous de l'arcade sourcilière et les parties ombrées du modèle puissent se former nettement. A la campagne, quatre pieux, une toile tendue au-dessus, et deux rideaux mobiles, peuvent suffire; placé dans cett espèce de guérite, le modèle pourra, au gré de l'opérateur, être plus ou moins éclairé, suivant son teint, et selon le caractère de sa physionomie.

Dans tous les cas, il faut avoir soin d'éclairer le modèle adroitement, de manière à éviter les oppositions trop fortes d'ombres et de lumière, de manière surtout à ce que le grand côté soit éclairé, et le petit côté dans la demi-teinte; si l'on éclairait le petit côté du visage, l'ovale serait écrasé, le nez plat, trop gros, et à peu près confondu avec la pommette de la joue.

Quant aux vues, elles présentent beaucoup moins de difficultés; la seule condition à remplir, c'est que le moment à reproduire soit éclairé par un soleil oblique; l'éclairement de face est rarement avantageux. Le paysage exige beaucoup de lumière, à cause des masses de verdures.

Si la lumière diffuse convient mieux au portrait, il faut, pour les arbres et les rochers, un soleil pur et matinal. A deux heures, le soleil, même en été, prend une teinte jaune, et quelque éclatante que puisse paraître alors la lumière, l'image se produisant moins vite dans la chambre obscure, l'opérateur doit en tenir compte, et prolonger le temps de la pose.

DES COULEURS DES HABILLEMENTS

Comparées aux tons de la figure.

CHAPITRE VI.

Ce n'est pas tout de bien éclairer le modèle, il faut aussi prendre en considération la couleur de ses vêtements.

Quand la lumière est blanche, son action chimique est proportionnelle à son intensité lumineuse ; mais il n'en est plus de même quand il s'agit de lumières colorées.

Tous les photographes savent aujourd'hui que, parmi les couleurs, les unes, les plus lumineuses, n'exercent presque aucune action photogénique ; pendant que d'autres au contraire, les moins lumineuses, sont extrêmement actives. Ainsi, les rayons rouge, jaune, orangé et vert, n'impressionnent pas, ou impressionnent très peu la couche sensible, tandis que le bleu, le violet et la partie invisible du spectre, la décomposent presque instantanément.

Le blanc, réunion de toutes les couleurs, exerce une action très vive; le noir, ou l'absence de la lumière, n'agit pas; le jaune est aussi inerte que le noir, etc., etc. Partant de ce principe, si le modèle a une carnation éclatante, si c'est un enfant blond, habillé de vert ou de noir, il sera presque impossible d'obtenir dans le portrait des rapports de ton convenables; la figure sera solarisée, les habits non venus; pour sauvegarder l'harmonie des tons, il eût fallu des habits bleus ou violets; en un mot, des habits de couleur active.

Toutefois, il faut faire entrer en ligne de compte, non seulement la couleur des étoffes, mais encore leur nature; telle figure pourra bien venir, si elle a pour vêtement une étoffe de soie brillante, quoique de couleur antiphotogénique, tandis que la même figure viendra trop vite si elle est revêtue d'une étoffe de velours ou de laine.

Si vous ne pouvez pas faire changer des habits à couleurs trop puissantes, vous n'avez plus que la ressource de cacher la figure, pendant que vous laissez le reste du corps rayonner librement vers la chambre noire.

Un petit écran de carton noir, de la forme et de la grandeur du masque du visage, porté par une petite baguette noire, suffira à cet effet; pendant les derniers instants de la pose, vous l'agiterez devant la tête, dont il faut modérer l'action; les habits devront poser un temps plus long, à peu près dans le rapport de trois à deux.

Il y a encore une précaution à prendre, une considération à envisager, qui doit influer dans le plus grand nombre des cas; nous voulons parler de la longueur relative de la pose; plus la pose est prolongée, plus l'image tend à s'affaiblir; — partant de ce principe, si un cliché est mal venu, s'il y a trop d'opposition, nous pouvons dire qu'il manque de pose; — lorsqu'un modèle se trouve dans des conditions de couleurs opposées, il faut laisser la couche de collodion sécher un peu plus, et prolonger la durée de la pose en raison directe de cette opposition.

Il en sera de même si vous voulez obtenir une grande harmonie dans la reproduction d'un paysage, dont les contrastes, cependant, vous feraient douter de la réussite. Ainsi, des fabriques blanches et des arbres verts sont souvent, pour le paysagiste, des causes d'insuccès. — Ne vous préoccupez pas trop

des parties blanches des édifices, et donnez à la pose
le temps voulu pour obtenir les verts des arbres.

Portrait, paysage, reproduction, etc., tout est
soumis à cette loi : — pose relativement longue,
durée proportionnelle à la crudité des contrastes.

DES REPRODUCTIONS.

CHAPITRE VII.

Les reproductions de tableaux, d'objets d'art, de gravures, de statues, etc., doivent être faites avec l'objectif à paysage, c'est-à-dire le menisque ou lentille de devant de l'objectif combiné qui sert à faire le portrait. A cet effet on dévisse cette lentille et on l'adapte à une monture de paysage, munie de deux ou trois diaphragmes.

Si la reproduction à faire est petite et l'objet à reproduire très grand, comme dans la reproduction du modèle au 10ᵉ et même au 20ᵉ, cette reproduction sera très facile; mais si l'objet à reproduire est petit, et qu'on exige une copie de même grandeur, la difficulté commence, et devient plus forte encore si cette copie doit être plus grande que l'original. Prenons un exemple : pour copier une gravure de

21 + 27, 0 c. de même grandeur, il faudra rapprocher à quelques centimètres l'objectif du sujet, et, par contre, allonger le soufflet ou les tiroirs de la chambre de 1 mètre 50, plus ou moins, suivant la longueur focale de l'objectif; il faudra aussi, pour obtenir une grande finesse, adapter le plus petit diaphragme, et calculer le temps de la pose d'après les principes que nous avons énoncés à ce sujet; ces conditions réunies, le collodion se sèche, et sa sensibilité décroît; sous l'action révélatrice, la métallisation se fait moins bien. Aussi, est-il presque indispensable, pour les reproductions de tableaux, d'objets d'art, bronze, bois, marbre de couleur, de poser ces objets en pleine lumière directe. L'objectif *fouille* bien mieux les détails, et le temps de la pose en est diminué d'autant. Les plâtres, les albâtres, les marbres blancs, tous les corps à grand reflet peuvent être reproduits par une lumière diffuse et hors de l'atelier vitré. Il n'y a d'exception que pour les objets de grande dimension qu'on veut énormément réduire; car ils peuvent être reproduits, même dans de mauvaises conditions de lumière.

Du moyen d'agrandir les reproductions.

Lorsqu'on veut agrandir un dessin, un objet quelconque, c'est sur le cliché qu'on a d'abord obtenu de ce dessin, de cet objet, et qu'on a fait d'une grandeur égale, ou du moins aussi grande que possible, que l'on doit opérer. Ayez une boîte sans fond, supportée sur un pied, percée d'une rainure dans son milieu supérieur ; introduisez le cliché dans cette rainure, exposez ce négatif de telle sorte qu'il soit éclairé en avant par le soleil, ou par la lumière diffuse, ce qui vaut encore mieux ; approchez l'objectif de telle sorte que l'image grandisse du double ou du triple ; copiez ce négatif par transparence, vous produirez un positif aussi par transparence. Si votre boîte sans fond est faite convenablement, c'est-à-dire de manière à recevoir toutes les grandeurs, remplacez le négatif que vous venez de copier par le positif que vous en avez fait, et copiez de nouveau ce positif, toujours par transmission. Approchez encore l'objectif, allongez les tiroirs de la chambre ; en un mot, amenez encore cette image à la grandeur voulue, et ce positif, copié de la même manière, vous donnera un négatif qui servira définitivement à produire vos images positives sur papier. Que cette image, ainsi agrandie successivement, possède la finesse et la pureté du modèle primitif, cela est évidemment impossible ; mais ce résultat sera toujours bien préférable à ces ignobles portraits, faits d'un seul coup par les objectifs-monstres que la réclame a essayé d'introduire dans les ateliers. Par le procédé de reproduction successive du cliché primitif, vous obtenez au moins des portraits d'un air plus naturel, plus gracieux, et cela, à peu de frais, avec le même objectif, et sans le secours de la chambre noire, si vous voulez la remplacer par votre laboratoire, qui peut, parfois, en tenir lieu.

En effet, si votre laboratoire est parfaitement clos, et qu'il donne de plein pied sur une terrasse, cour, etc. ; si vous avez fait pratiquer un trou à la porte, si vous y avez placé la rondelle de l'objectif ; si, vis-à-vis de l'objectif et dans le laboratoire, une planche, longue de deux mètres au moins, porte un châssis à rainure et à coulisse, comme dans la chambre noire ordinaire, vous pouvez opérer en toute assurance ; placez alors une glace dépolie dans la rainure, disposez le cliché à copier au dehors et dans la boîte sans fond, mettez l'obturateur sur l'objectif, remplacez la glace dépolie par la glace collodionnée, etc.

C'est par des moyens analogues que l'on peut refaire double un cliché qui doit fournir un grand
nombre d'épreuves, ou que l'on peut remplacer, s'il
est légèrement fendu, ou le rendre meilleur, même,
en essayant dans ces deux reproductions successives,
et dans le passage du négatif au positif et de celui-ci
au négatif définitif, de le faire ou plus dur ou moins
heurté.

DU STÉRÉOSCOPE.

CHAPITRE VIII.

Quoique nous ayons deux yeux, et que nous voyions à la fois deux images différentes du même objet confondues en une seule, les peintres et les dessinateurs de perspective n'ont jamais considéré que l'action d'un seul œil dans la construction des images qu'ils ont voulu représenter. En effet, tant que l'on se bornait à dessiner ou à peindre des corps sur une surface plane, il n'y avait guère moyen de les figurer que sous un seul aspect. Pour leur donner du relief, on employait le clair-obscur et les principes des deux perspectives, linéaire et aérienne; c'était tout ce qu'on pouvait faire. Mais cela ne suffisait pas à l'illusion complète, et les plus beaux tableaux n'acquéraient toutes les qualités de profondeur que l'artiste avait voulu produire, que lorsqu'on les regardait avec un seul œil, à la manière des vues d'optique ou des anciens *panoramas*.

Déjà, vers l'année 1500, un grand génie italien,

Léonard de Vinci, avait compris et appliqué les motifs de ce manque de relief dans les corps représentés par la peinture; mais le germe déposé dans la science par l'immortel peintre de la *Cène*, y sommeilla jusqu'en 1838, époque où M. Wheatstone imagina, en Angleterre, un appareil fondé sur la vision *binoculaire*, et capable de faire voir en relief aux deux yeux des images tracées sur des surfaces planes.

L'instrument du physicien anglais se composait de deux miroirs inclinés à angle droit l'un sur l'autre; il avait de grandes dimensions, et était très peu portatif.

M. Brewster, un des pères de l'optique moderne, ayant dirigé son attention sur l'appareil inventé par M. Wheatstone, imagina de le modifier, de le rendre beaucoup plus simple, et, par conséquent, beaucoup plus populaire. Ainsi naquit le *stéréoscope*, dont tout le monde connaît à présent et le nom et les effets prodigieux. M. Brewster n'avait fait que remplacer les glaces réfléchissantes de M. Wheatstone par deux petits prismes ou deux demi-lentilles destinés à réfracter les rayons lumineux; et cette légère modification avait suffi pour donner la vie à un appareil admirable, qui serait resté sans cela pendant longtemps peut-être un simple fait historique dans les cabinets des physiciens.

Le *stéréoscope* exige, pour produire ses effets, deux images d'un même objet, prises de deux points de vue différents; il faut, de plus, que ces deux images soient aussi identiques que possible, afin que la superposition des parties, communes à toutes les deux, se fasse avec une rigueur mathématique. Il n'existe pas au monde, et l'on peut même dire qu'il n'existera jamais, de peintre capable de produire deux images de cette espèce; ni l'œil ni la main de l'homme ne peuvent reproduire un modèle à deux reprises et de deux points de vue différents, sans altérer plus ou moins les lignes et les formes. Aussi, M. Wheatstone se bornait-il jadis, pour son stéréoscope réflecteur, à n'employer que des figures géométriques composées d'un petit nombre de lignes droites tracées à la règle et au compas. Mais l'apparition de la photographie changea la face des choses. Ce que le dessinateur n'aurait jamais su faire, la lumière put le produire sans aucune difficulté; et si M. Brewster eût modifié le stéréoscope en 1839, on aurait vu probablement de belles images stéréoscopiques dès l'origine de la daguerréotypie. Mais on ne s'avise pas tout de suite des choses les plus simples, et ce qui nous paraît facile aujourd'hui a coûté souvent de longs et pénibles efforts aux premiers inventeurs. Aussi, M. Brewster ne construisit-il pas en 1839 son stéréoscope, et les images stéréoscopiques obtenues par la photographie datent-elles à peine de quelques années. Mais, comme à toute chose née à temps, il leur est arrivé d'atteindre bien vite à un très haut degré de perfection. Il n'y a personne aujourd'hui qui ne connaisse les stéréoscopes de M. Jules Duboscq, le premier et le plus habile constructeur de ces appareils, et les images stéréoscopiques des habiles albuministes français, qui n'ont nulle part de rivaux dans ce genre.

Comme il pourrait arriver au photographe qu'on lui demandât des portraits ou des vues pour le stéréoscope, il est indispensable qu'il sache comment on doit procéder lorsqu'on veut les obtenir. Notre Traité présenterait une lacune regrettable si nous ne donnions pas ici les règles pour la formation des images stéréoscopiques.

Voyons donc d'abord ce que c'est que le *stéréoscope*; nous indiquerons ensuite la marche à adopter pour la production des images.

Le stéréoscope se compose d'une boîte pyramidale en carton, en bois ou en métal, haute de 13 à 14 centimètres, plus large par en bas, et munie à la partie supérieure de deux tubes oculaires, éloignés l'un de l'autre de 75 millimètres environ, c'est-à-dire d'une quantité égale à l'écartement moyen des yeux. Ces deux tubes renferment les deux moitiés d'une même lentille, d'environ 20 centimètres de foyer; les demi-lentilles se regardent par les biseaux. La boîte est percée à la base, et fermée en cet endroit par un verre dépoli; une des larges faces de la pyramide est munie d'une petite porte qui permet de faire tomber de la lumière dans l'intérieur de l'appareil lorsqu'il s'agit de regarder des images opaques. Quelques constructeurs pratiquent deux fentes dans les parois latérales de la boîte, près de sa partie supérieure, afin de pouvoir y glisser des lames de verre coloré, dans le but de modifier le ton des images. Voilà le plus simple et le plus commode de tous les stéréoscopes. Indiquons à présent le moyen de faire les images.

Pour produire une image stéréoscopique, il est indispensable de faire deux épreuves du même objet dans le même moment et de deux points de vue différents, de telle sorte que pour un portrait, par exemple, la première épreuve soit faite en grand trois-quarts et la seconde de face. Ce qui revient à dire que le modèle doit poser devant deux appareils, éloignés à peu près l'un de l'autre de 30 à 40 centimètres; ce mode d'opérer est suivi par beaucoup de portraitistes, et nous paraît assez rationnel.

Le système de chambre, dite *binoculaire*, nous semble indispensable pour faire les vues instantanées; mais alors les images sont en creux : pour obtenir le relief il faut leur faire subir un déplacement.

Quand on prend des vues stéréoscopiques, soit sur albumine, soit sur plaqué, on peut se contenter également d'une seule chambre noire, et s'y reprendre à deux fois pour avoir les deux images ; ou bien, on peut faire fonctionner deux chambres simultanément. Mais pour le portrait, il faut se servir d'un appareil construit exprès, et qui consiste en un châssis porte-glaces, glissant dans un chariot qui va présenter successivement à la lumière, dans les deux stations, la glace sur laquelle se reproduisent les deux images accouplées (1).

(1) Ce modèle, ainsi que la chambre binoculaire, se trouvent dans nos ateliers, rue de Lancry, 16, au troisième étage.

Quel que soit du reste l'appareil que l'on a adopté, il est indispensable d'écarter l'une de l'autre, les deux chambres noires, de quantités en rapport avec la distance des objets, en se conformant à la règle suivante :

Écartement à donner aux chambres.

Pour un modèle placé à 3 ou 4 mèt. de l'objectif, 20 à 30 cent.
     —   5 ou 6   —   40 h 45 cent.
et ainsi de suite.

Pour un paysage dont la profondeur est illimitée et dont les premiers plans se trouvent à quelques centaines de mètres, il ne faut pas moins de 7 à 10 mètres d'écartement entre les deux chambres obscures.

Il ne faut jamais oublier de tracer au crayon sur la glace dépolie deux perpendiculaires, et de faire coïncider ces lignes avec celles du nez et des yeux dans le portrait, afin que ce soit là une ligne commune aux deux images et l'endroit culminant du relief.

On doit avoir soin, en outre, que ces lignes ne soient écartées que de 7 à 7 1/2 centimètres, distance égale à l'écartement moyen des yeux ou à l'intervalle qui doit exister entre les deux images dans le stéréoscope.

Si l'on n'observait pas rigoureusement ces principes, l'œil se fatiguerait dans la contemplation des images stéréoscopiques, et le plus souvent, il percevrait deux images distinctes. Dans le cas d'une épreuve bien faite et bien encadrée, si les oculaires du stéréoscope sont à la distance qui convient aux yeux de l'observateur, l'image paraîtra avec le plus beau relief, et présentera l'illusion la plus saisissante (1).

Considérations générales.

Après notre grand traité des *quatre branches de la Photographie*, il nous a semblé utile d'enseigner dans tous ses détails le procédé sur collodion, et de décrire les manipulations avec assez de simplicité et de clarté pour les mettre à la portée de l'intelligence la moins apte à la Photographie; de faire en sorte, en un mot, qu'après nous avoir lu attentivement on puisse opérer sans maître et avec quelque succès.

Le procédé sur collodion est par lui-même le plus

(1) Le dernier perfectionnement apporté aux oculaires, par M. Dubosc, permet à tous les yeux de voir l'image facilement et avec le plus grand relief.

simple et le meilleur, tant pour la facilité des manipulations que pour la rapidité des résultats. On obtient aisément une couche d'épaisseur égale, exempte de stries et de poussières. On n'a point à se préoccuper des milieux dans lesquels on opère. Quelques précautions à prendre dans les temps humides ou chauds, certaines conditions de propreté, de bons appareils, des produits chimiques purs (1), une lumière bien distribuée : ce sont là de véritables éléments de succès. Le collodion est-il aussi sensible qu'on l'a prétendu, et l'opération peut-elle réellement être instantanée ? Oui, sans doute, il ne pourrait en être autrement, surtout lorsqu'il s'agit de reproduire à de grandes distances. Les nuages, la mer, les vaisseaux, etc., doivent être reproduits instantanément, et même avec le ménisque diaphragmé ; autrement, le ciel serait sans nuages, la mer sans vagues ni perspective, et l'une et l'autre seraient confondus. Mais toutes ces reproductions instantanées de la nature animée, ou

(1) C'est ici le cas de répéter que nul n'est apte à satisfaire aux exigences de ses clients, s'il n'a préalablement essayé, séparément et dans l'ensemble des opérations, les produits qu'il expédie. Notre expérience, à ce sujet, n'est pas douteuse. Aucun de nos clients ne nous a abandonné.

des éléments en mouvement, ne sont encore qu'un jeu même pour un élève peu avancé dans l'art de la Photographie; c'est lorsqu'il s'agit de faire le portrait ou le modèle vivant que les difficultés surgissent en foule. Le collodion n'est plus aussi sensible, car la lumière n'est plus la même. La glace doit être d'une pureté parfaite; le moindre atome de poussière est une tache à l'œil, la moindre strie ou rayure de la glace, une balafre à la joue ou au nez du modèle; la moindre négligence dans le développement de l'image la fait trop dure ou trop molle, ou trop faible ou trop vigoureuse. Tantôt le modèle a bougé, tantôt il est mal éclairé, ou il a une physionomie détestable; bref, le portrait est boursouflé; il est défiguré; il ne ressemble pas, etc. La reproduction de la nature morte est toujours belle. Qu'importe que le terrain de votre reproduction soit sillonné d'une longue tache, que la glace, mal polie, soit couverte de coups de balai, que la couche de collodion soit rocailleuse, ridée, moutonnée; l'arbre, le terrain, l'ensemble en sera-t-il moins harmonieux? Cette tache sur le monument, sur l'écorce, dans le feuillé, sur le terrain, apparaît comme une ombre au tableau, qui augmente son lustre et ajoute à son originalité. Aussi combien d'opérateurs qui ont acquis une réputation avec leurs paysages ont échoué dans le genre-portrait !

Il eût été désirable que les jurys qui ont composé les différentes commissions d'Exposition, se préoccupant davantage des difficultés des opérations, eussent eu l'idée rationnelle de les classer par catégories. Il est temps encore de le faire. Nous voudrions que les sociétés photographiques prissent l'initiative de distinguer et de classer les produits, et que l'on pût établir, au siége même de ces sociétés, des salles distinctes à la photographie de genre, au paysage, au portrait, etc. Ce serait peut-être le seul moyen de juger équitablement et de rendre à chacun la justice qui lui est due. Nous voudrions surtout qu'on mît la *retouche* à part, si tant est qu'on dût la recevoir; qu'on expérimentât avec le plus grand soin les produits avant de les classer, car beaucoup passent à la photographie pure qui sont bien positivement retouchés. Mais un tel désir est, sans doute, une utopie. La camaraderie, l'engouement, le savoir-faire, sont autant de pierres d'achoppement aux meilleures réformes, et nous n'espérons pas les voir prochainement s'accomplir. Aussi dirons-nous à ceux de nos lecteurs qui veulent surtout tirer profit de l'art photographique, de ne pas nous imiter, nous qui avons toujours prêché d'exemple contre la retouche. La photographie pure est un peu comme la vertu et la vérité, qui ont toujours plus ou moins besoin d'être adoucies ou parées. Embellissez aussi un peu votre photographie ; qu'une main exercée, sinon habile, *complète* le dessin de la lumière, et vous plairez au public ; bien mieux, vous plairez au jury de l'Exposition, et vous aurez les plus grandes chances d'être couronné. Les diverses Expositions qui viennent d'avoir lieu nous autorisent à parler ainsi, et nul de nous n'ignore ce qui s'est passé à ce sujet.

Si vous vous adonnez au portrait, faites-le de petite dimension. Tout portrait dont la tête dépasse la grandeur de 0,4 cent. de diamètre est fatalement la charge de l'original, quelle que soit, du reste, la grandeur de l'objectif qui l'aura dessiné. Plus le portrait sera petit, plus il sera harmonieux, beau et ressemblant. Il a bien été question depuis quelque temps d'objectifs monstrueux, non moins qu'admirables, faits en vue de la reproduction de grandeur naturelle ; mais, pour celui qui raisonne un peu, toutes ces hyperboles mensongères ne doivent pas sortir du domaine de la réclame impudente des charlatans. Que dites-vous d'un objectif de 10 pouces (ancien parler) qui coûterait 10,000 fr. et qui aurait 1 mètre 50 de

foyer ? On sait que la longueur de la pose est en raison directe de la longueur focale, qu'il est déjà difficile d'opérer avec un 5 pouces de 0,90 de foyer ;
qu'il ne faut pas moins de 3 à 4 minutes pour obtenir un portrait fort médiocre, sinon très déformé,
même avec une bonne lumière, quand l'épreuve à
obtenir est de la grandeur *voulue*.

Or, établissons cette proportion :

$$90 : 4 :: 150 : x$$

Et nous pourrons nous convaincre que, pour une
grandeur 3/4 nature, il ne faudrait pas moins
de 6' 6" dans une bonne lumière, et 15' au moins
pour une tête de grandeur naturelle. — Ces essais
ont été tentés, et l'on a, jusqu'à un certain point,
réussi, encore a-t-il fallu avoir recours à de vrais
modèles. Peu de personnes sont, en immobilité, de la
force d'une statue. Dans tous les cas, ces portraits
ne sont que la charge du modèle, et si la retouche
ne venait en aide à la Photographie, il serait à peu
près impossible de reconnaître l'original. — Ce
moyen n'a donc réellement aucune valeur pratique.

Le meilleur procédé, à notre avis, est de grandir
par les moyens ordinaires, que nous n'avons décrits
plus haut qu'afin de ne pas laisser la moindre lacune
dans notre traité.

Du coton-poudre, ou coton azotique ou soluble.

En 1846, MM. Schœnbein, de Bâle, et Bœttger, de Francfort, firent une découverte importante, celle de la poudre-coton.

Cette substance se dissout dans l'éther.

Le collodion est la matière qui résulte de cette dissolution. — C'est un liquide dont la couleur est celle de l'ambre, sa consistance est sirupeuse ; en se desséchant, il acquiert une grande ténacité, et devient insoluble dans l'eau et imperméable à l'air.— La chirurgie a tiré partie de cette dernière propriété en l'employant pour recouvrir les plaies et les mettre à l'abri du contact de l'air.

L'idée première de l'application du collodion à la Photographie appartient à M. Legray ; mais il ne sut pas obtenir des images, dans la chambre noire, sur cet enduit. M. Archer, de Londres, en formulant une méthode complète à ce sujet, a doté la Photographie de cet admirable procédé.

MANIÈRE D'OBTENIR LE FULMI-COTON

OU COTON SOLUBLE (PYROXILE) POUR LE COLLODION (1).

Sous le manteau d'une cheminée de laboratoire, ou en plein air, mettez dans un vase en porcelaine ou de verre :

Acide sulfurique pur	3 parties
Azotate de potasse desséché	2 —

(1) La formule que nous donnons ci-après doit donner toujours un excellent résultat, et nous en obtenons constamment du coton azotique parfaitement soluble. Nous croyons cependant devoir prévenir le préparateur que le succès dépend le plus souvent de l'acide sulfurique; un acide impur donnera toujours de mauvais résultats. Malheureusement, les caractères d'un acide impur sont difficiles à constater; l'aspect, la densité, peuvent ne différer en rien de l'aspect et de la densité de l'acide pur. Ce qu'il y a de mieux à faire, c'est de rejeter celui qui a donné des résultats négatifs, et de s'en procurer d'une autre provenance. Il est probable que la mauvaise qualité de l'acide tient à un vice de préparation, car certaines fabriques fournissent ce produit constamment mauvais.

Remuez avec un agitateur en verre, de manière à bien mélanger ; plongez par pincées dans ce mélange, du coton *en cardes* pur et sec, ou du papier-filtre, dit *de Suède*, autant que le liquide pourra en mouiller, plutôt moins que plus ; complétez l'immersion avec l'agitateur, et laissez en repos pendant huit ou dix minutes.

Lavez alors, en vous servant de l'agitateur, avec de l'eau distillée, souvent renouvelée ; laissez même tremper le coton pendant un ou deux jours dans l'eau pure, lavez enfin jusqu'à ce que le liquide ne présente plus de réaction sur le tournesol, et terminez en pressant le coton dans du papier buvard ; faites sécher à l'abri de la poussière.

Pour obtenir ce produit entièrement soluble, il est indispensable que le coton soit trempé dans le mélange au moment même où l'acide sulfurique, en contact avec l'azotate de potasse, forme du sulfate de potasse, et laisse libre l'acide azotique, puisque c'est ce dernier acide qui doit être fixé par le coton.

En effet :

$$\text{Acide sulfurique} \qquad SO^3, HO$$
$$\text{Azotate de potasse} \qquad KO, AzO^5$$
$$\text{donnent } \underline{KO, SO^3, HO} \quad + \quad \underline{AzO^5}$$
$$\text{sulfate de potasse} \qquad \text{acide azotique}$$

Alors le coton se trouve en contact immédiat avec l'acide azotique libre, et forme un nouveau composé de cellulose, *coton*, $(C^{12}H^{10}O^{10})^3$ et d'acide azotique $(AzO^5)^5$, qui peut être représenté par la formule suivante :

$$C^{24},H^{17},O^{175}AzO^5$$

THÉORIE

Du collodion chimique ou normal.

Manière de faire le collodion normal.

Dans un vase en verre, mettez :

Éther à 56°	100 cent. cubes.
Coton soluble	3 gr.　— (1)

Le coton-poudre, s'il est bien réussi, doit se dissoudre dans l'éther à 56°, dans la proportion de 1 1/2 pour 100 au moins ; mais il est toujours plus sûr d'alcooliser un peu, afin d'obtenir une belle solution et au degré voulu.

---

(1) Le collodion du commerce est fait, en général, dans ces proportions ; aussi, pour obtenir la fluidité convenable, est-on obligé de l'additionner d'un volume à peu près égal d'éther.

Il serait bon de faire soi-même son fulmi-coton et son collodion ; si, cependant, on ne voulait pas se donner cet ennui, on pourrait l'acheter tout fait chez des chimistes dignes de toute confiance (1).

(1) Nous ne saurions trop insister sur le choix des produits chimiques : sur dix épreuves manquées, six au moins appartiennent de droit au mauvais collodion employé, ou à des produits chimiques adultérés, qu'on rencontre trop souvent dans le commerce. Il faut faire choix d'une maison consciencieuse, où tout se fait sous les yeux d'un chef responsable.

Nous ne pensons pas être taxé de partialité en nous recommandant personnellement à nos lecteurs ; notre maison, qui existe à peine depuis deux ans, a conquis assez de clients pour justifier ces prétentions et la réputation qu'on a faite à nos produits.

COTON AZOTIQUE ET COLLODION NORMAL.

Catéchisme.

D. Le coton est-il préférable au papier? Ce dernier ne peut-il pas le remplacer pour produire une substance soluble, propre à obtenir le collodion?

R. Le papier de Suède, tout papier peut être substitué au coton, mais il n'en faut faire usage que dans le cas où le coton manquerait à l'opérateur ; le papier étant moins pur que la matière première, le coton, celui-ci doit toujours avoir la préférence.

D. Ne vaut-il pas mieux faire son collodion que de l'acheter tout fait?

R. Il est bon de savoir faire le coton soluble, en cas de besoin, mais on est toujours plus sûr d'obtenir de bon collodion normal avec du coton-poudre sortant d'un bon laboratoire.

D. Ne doit-on pas donner la préférence au coton soluble sur le collodion normal, surtout dans le cas d'un long voyage?

R. Non ; même pour un long voyage, achetez du collodion normal ; en voici les raisons : le coton soluble ne se dissout parfaitement qu'à la condition d'être sec et pur. Or, il serait bien rare qu'il pût conserver assez longtemps ces qualités, surtout en voyageant ; d'autre part, le coton, mis dans l'éther, ne se dissout pas tout d'abord, il reste assez longtemps en suspension dans le liquide, des fibres insolubles, qui ne se précipitent que graduellement et à la longue. Aussi, dans un vase, contenant du collodion normal, aperçoit-on bientôt le liquide former 2 ou 3 zones bien distinctes, que nous appellerons : zone supérieure, zone moyenne et zone mauvaise. Naturellement, la mauvaise est celle du fond. Si l'on se hâtait trop, après avoir fait dissoudre le coton, ce serait du mélange de ces trois zones que résulterait le collodion normal, et, par conséquent, on n'aurait qu'un collodion photogénique assez médiocre.

D. Peut-on, à l'aspect du collodion normal, juger de sa qualité ?

R. On peut le juger sur les caractères suivants : Un collodion normal, dense, sirupeux, de couleur légèrement ambrée, peut être considéré comme étant de bonne qualité. Si, de plus, il ne laisse pas de couleur blanche au verre gradué, s'il s'y attache et laisse une pellicule parchemineuse, tenace, on peut l'accepter pour *très bon*.

Pour la même raison, s'il est trop limpide, blanchâtre et laissant cette couleur au verre gradué, c'est qu'il est médiocre, sinon tout à fait mauvais. Nous avons vu souvent ce collodion donner des clichés striés en forme de moirures de dentelle. — Cela provenait, sans doute, de ce que le coton était peu soluble, et que le chimiste avait ajouté trop d'alcool à l'éther pour aider à la dissolution.

D. Vaut-il mieux faire le mélange, coton azotique, éther et alcool ioduré, ou bien, opérer ce mélange séparément — collodion normal, éther, alcool ioduré ?

R. Ce dernier mode nous paraît le plus sûr moyen d'avoir, en quelques minutes, un excellent collodion.

D. L'éther à 66° et l'alcool, ne donnent-ils pas le même résultat que l'éther à 56° ?

R. En théorie, il peut en être ainsi ; mais, en pratique, nous pouvons affirmer qu'il vaut mieux employé l'éther pur à 56°.

D. Pourquoi donnez-vous la préférence à l'éther à 56° ?

R. Parce que l'expérience nous a démontré sa

constante supériorité. En été, surtout, on doit donner la préférence à l'éther à 56°. — Si l'on emploie l'éther à 66°, le collodion ioduré peut se troubler et devenir laiteux. C'est, du reste, un inconvénient auquel on peut remédier en ajoutant au collodion quelques gouttes d'alcool pur, jusqu'à clarification complète.

DU COLLODION PHOTOGRAPHIQUE.

Considérations générales.

CHAPITRE IX.

Les auteurs qui ont formulé après M. Archer, et les opérateurs qui sont venus ensuite, ont décrit ou suivi plusieurs procédés, et il existe bien aujourd'hui plus de vingt modes différents de collodion photographique. Nous-même, dans notre première édition, nous avions suivi les errements de nos devanciers, et nous nous étions laissé entraîner à décrire plusieurs moyens de sensibilisation.

Des expériences comparatives, suivies et répétées avec soin, ont depuis lors transformé en certitude ce que nous n'avions que supposé d'abord, c'est-à-dire, qu'il pourrait bien n'y avoir qu'une seule liqueur génératrice vraiment bonne, celle formée par l'alcoolat d'iodure de potassium ; fidèle à notre maxime, *Simplifier*, nous avons adopté cette formule à l'exclusion de toute autre, bien persuadé que, dans les meilleures conditions, elle rendra le collodion *instantané*, et que, dans les plus mauvaises, elle donnera toujours des résultats satisfaisants.

Au lieu de chercher à compliquer inutilement les procédés usuels, nous nous sommes attaché à les simplifier en écartant cette armée, cet attirail superflu d'iodures et de bromures, de prescriptions, de précautions, qui déroutent le malheureux opérateur, en lui rendant impossible la découverte des véritables causes de ses insuccès.

Toutefois, et pour répondre à ceux qui nous objecteraient les différents climats et les divers milieux dans lesquels on est souvent forcé d'opérer, nous ajouterons encore une formule à notre formule à l'iodure de potassium ; ce sera la cinquième de notre premier Traité (Paris, 1853). Elle peut, en effet, soutenir la comparaison, en donnant, toutefois, des résultats presque diamétralement opposés , et c'est justement pour ce motif que nous la tolérons, que nous l'indiquons même, comme le complément de l'autre. En principe, et d'une manière absolue, le collodion à l'iodure de potassium peut, seul, donner des clichés parfaits ; il ne se tache jamais, et peut suffire assurément dans tous les cas.

Cependant, si le ciel est couvert, si le temps est froid, ce collodion, devenant moins sensible, pourra donner trop d'oppositions. Le collodion de la seconde formule, au contraire, composé en vue de ces conditions particulières, sera plus sensible, et son défaut capital sera de donner trop d'uniformité aux images. Il serait donc prudent et rationnel d'employer ce dernier pendant les jours froids et brumeux, et le premier, quand la lumière est belle et la chaleur intense.

CHAPITRE X.

**Manière de rendre le collodion photogénique.
Objets et substances nécessaires pour cette
opération.**

Un mortier et son pilon, en cristal ;
Un flacon d'alcool de vin à 36°, 100 cc.;
Un flacon d'iodure de potassium, 5 gr. (1);
Un vase gradué en centimètres cubes ;
Un entonnoir et son filtre, destinés exclusivement
à cet usage.

Broyez avec soin l'iodure de potassium, et mettez-
le dans l'alcool ; agitez, et laissez reposer. Filtrez ensuite en décantant.

(1) L'alcool à 36° dissout à peu près 4 1/2 pour cent d'iodure
de potassium ; n'en préparez que pour les besoins d'une quin-
zaine ou d'un mois tout au plus. Avec le temps, il se forme, dans
le liquide, de l'acétate de potasse extrêmement soluble qui disparaît au lavage et laisse la couche du collodion criblée de petits
trous.

Cette solution prend le nom d'*alcool ioduré*, ou *liqueur génératrice*, ou *alcoolat d'iodure de potassium*.

Collodion chimique,

Ou coton soluble,

Éther.

Première formule (1).

Collodion chimique,	40 cent. cubes.
Éther à 56°,	40 —
Alcool ioduré,	20 —

Agitez un peu le flacon dans lequel vous aurez mis ce mélange ; laissez reposer pendant une heure en été ; cinq à six heures en hiver, et filtrez le liquide en laissant le dépôt au fond du vase ;

Ou bien, si l'on possède du bon coton azotique, on peut mettre dans un flacon :

Éther à 56°,	80 cent. cubes.
Coton soluble,	1 gr. 1/2
Alcool ioduré,	20 cent. cubes.

Agitez ce mélange, le collodion prendra bientôt une belle couleur ambrée, la couleur de l'huile d'o-

---

(1) Cette formule est, sans contredit, la meilleure quand on opère en été et par de grandes chaleurs ; en hiver, nous pouvons prendre la seconde avec avantage.

live ; une heure après, il y aura combinaison et dépôt, vous pourrez séparer alors la partie claire en la filtrant avec soin. Sans cette précaution, le dépôt pulvérulent en suspension dans le liquide pourrait passer à travers le filtre, et donner une couche pointillée.

Les deux formules que nous venons de donner n'en font qu'une en définitive. Le collodion normal du commerce possède une densité qui varie avec la quantité de coton-poudre dissous dans l'éther. Il est généralement fait dans les proportions de 3 de coton sur 100 d'éther en poids (1). Or, nous avons dit que

---

(1) Pour abréger les opérations, on se sert d'éprouvettes ou verres gradués dont chaque division correspond à un centimètre cube. Ce procédé est fort commode pour les liquides, car il est beaucoup plus facile de les mesurer que de les peser.

L'on doit avoir trois verres gradués, l'un destiné à l'eau distillée, l'autre pour mesurer l'alcool ioduré, l'éther et le collodion ; le dernier, plus petit, est réservé à l'acide acétique.

En remplaçant la pesée des liquides par des déterminations en volume, il a fallu tenir compte de la différence qui existe entre les poids des divers liquides.

Le gramme d'eau distillée correspond seul exactement à un centimètre cube, et nous pouvons dire indistinctement un gramme ou un centimètre cube d'eau. On ne peut pas dire la même chose de l'éther, du mercure, dont les poids spécifiques diffèrent énormément du poids de l'eau distillée.

des volumes égaux d'éther et de collodion normal
répondaient à la formule :

Éther,   80 cent. cubes.
Coton,   1 gr. 1/2

Nous donnons donc, quant à la fluidité, un dosage
que nous n'avons pas la prétention de regarder
comme rigoureux ; ajoutons même que, dans le cas
où l'on voudrait transporter la couche impressionnée
sur papier, il faudrait augmenter la dose de collodion
normal si les dosages indiqués ne présentaient pas
assez de cohésion ; du reste, les collodions du commerce sont, en général, faits avec excès d'alcool, et il
est rare de réussir un transport avec ces produits ;
ils sont même très décomposables, et vingt-quatre
heures après le mélange avec la *liqueur génératrice*,
ils commencent à rougir, parce que le coton azotique
dont ils sont composés n'est pas toujours bien réussi,
et qu'il ne se dissout guère que par l'addition d'alcool. Les chimistes, qui ne travaillent pas exclusivement pour la photographie, ne se font pas faute d'alcooliser fortement leur collodion, qui devient ainsi
très limpide : il prend alors un aspect magnifique,
mais il perd en qualité ce qu'il gagne en apparence.

Aussi, nous ne craignons pas de le répéter, le

succès des opérations tient principalement à l'absence de l'alcool dans le collodion normal, et aux soins que l'on a pris pour débarrasser complétement le coton azotique de toute trace d'acid ou de sulfate de potasse.

Du reste, que vous ayez préparé vous-même le coton azotique, ou que vous ayez pris le collodion tout fait, ce dernier n'en sera pas moins d'une densité variable, non seulement à cause de la quantité et de la nature des produits qui le constituent, mais encore par suite de la température extérieure ; en sorte que chaque jour après le travail, chaque jour avant de se mettre à l'œuvre, il faudra faire subir au collodion photographique les modifications que nous allons indiquer plus loin.

Il arrivera souvent, ainsi que nous l'avons dit, qu'en raison de la diverse nature des différents collodions chimiques, les préparations photogéniques obtenues par un même dosage ne seront pas identiques : elles seront plus ou moins denses, plus ou moins chargées d'iodure, etc., etc. ; dans le cas d'un collodion photogénique trop dense, coulant difficilement sur la glace, l'opérateur pourra y ajouter quelques grammes d'éther et quelques gouttes d'alcool ioduré.

Si le collodion était trop fluide, coulant avec trop de facilité, il faudrait y ajouter quelques grammes de collodion chimique et d'alcool ioduré. Il peut se faire aussi que le collodion photogénique, amené au point de fluidité convenable, laisse à désirer quant à l'ioduration (1).

Si, plongée dans le bain d'argent, la couche devient d'un blanc *pâte de papier*, sans transparence, le collodion est trop chargé d'iodure ; si, au contraire, la couche reste d'un bleu pâle, le collodion manque d'iodure : dans le premier cas, quelques grammes de collodion chimique et d'éther ; dans le second, quelques grammes d'alcool ioduré suffiront pour rendre parfait, le collodion photogénique.

Mais comment, dira-t-on, peut-il y avoir excès de telle ou telle substance ? Nous avons déjà répondu à cette demande : le coton-poudre n'est pas toujours également bien réussi ; on n'emploie jamais les éthers et les alcools au même degré, et l'alcool saturé d'io-

---

(1) La quantité de liqueur génératrice qu'il faut introduire dans le collodion est de 1/4 en hiver ; en été, elle peut être de 1/5 ; ainsi :

Collodion normal,	40 cent. cubes.
Éther,	40 cent. cubes.
Liqueur génératrice,	20 ou 18, ou même 16 c.

dure peut être saturé plus ou moins complétement : plus l'alcool est faible, plus il peut dissoudre d'iodure, car l'eau distillée dissout parfaitement l'iodure de potassium, tandis que l'alcool anhydre ne le dissout pas du tout. Tout cela n'a cependant pas une fort grande importance : l'opérateur ayant toujours sous la main un flacon d'alcool saturé d'iodure de potassium, le remède est ainsi placé à côté du mal, et ce remède, on sera quelquefois obligé de l'employer, si l'on veut avoir toujours de beaux résultats.

Il n'est plus permis aujourd'hui d'en douter : le collodion ne conserve pas longtemps sa même valeur photogénique ; il est donc prudent de n'en préparer que pour les besoins de la journée; après ce temps, sa sensibilité peut décroître : il est pourtant des exemples du contraire; nous avons obtenu de fort belles épreuves, et presque instantanées, avec des collodions vieux de trois mois (1). Mais, hâtons-nous

(1) Le photographe qui opère tous les jours ne doit jamais avoir de vieux collodions. Voici le moyen d'employer cette substance toujours dans de bonnes conditions : s'il a préparé 100 cent. cubes de collodion photogénique, et qu'il n'en ait employé que 60 cent. cubes, il aura un résidu de 40 cent. cubes qui sera évidemment d'une densité plus grande et plus chargé d'iodure;

de le dire, la lumière nous avait secondé, et, pour un opérateur qui se trouverait en Égypte, par exemple, il n'y aurait pas de vieux collodions. Dans le Nord, et surtout en hiver, il faut faire peu de collodion à la fois, c'est une condition de succès.

Lorsqu'un opérateur a beaucoup d'épreuves à faire, il doit régler ainsi sa journée : dès le matin, il versera, en les filtrant, environ vingt grammes de collodion dans chacun des petits flacons qui lui servent pour le répandre sur la glace ; il doit en avoir presque autant qu'il a de glaces à employer ; nous disons presque, car chaque flacon ne doit pas servir à plus de deux glaces ; en effet, la constitution chimique du collodion changeant à chaque opération, parce que l'éther s'évapore, parce que les poussières disséminées dans l'air tombent dans le liquide, etc., si l'on se servait toujours du même flacon, on ferait des

le collodion qu'il préparera le lendemain devra donc être modifié de telle sorte, qu'étant moins dense et moins ioduré, il puisse être mêlé avec celui qui a servi, pour reconstituer les proportions de notre formule. Ainsi, on réunira, par exemple, au collodion de la veille :

Collodion normal,	30 cent. cubes.
Éther,	50 cent. cubes.
Alcool ioduré,	16 ou 18.

épreuves de plus en plus mauvaises. A la fin de la journée, il doit remettre tous les résidus dans le flacon mère, en y ajoutant quelques grammes d'éther et d'alcool ioduré ; le lendemain, il filtrera de nouveau, et il retrouvera ainsi toujours le collodion dans les mêmes conditions de fluidité, de propreté et de bonté (1).

Nous appellerions volontiers *collodion photographique normal* le collodion préparé avec l'iodure de potassium seul : en effet, l'iode est essentiellement la substance génératrice de l'image, et, en l'employant simplement sous forme d'iodure de potassium dans les proportions assignées, on est certain d'obtenir toujours de belles épreuves (2).

Cependant, les premiers auteurs qui ont traité de la Photographie ne l'avaient point jugé ainsi ; ils avaient conseillé l'iodure d'argent liquide, et même l'iodure de fer, comme agents accélérateurs ; leur avis fut suivi pendant longtemps ; plus tard, on a renoncé

(1) Voyez page 71 (note).

(2) Les iodures d'ammonium, de zinc, etc., sont des produits peu fixes, et donnent des résultats peu constants.

Les bromures modifient les propriétés des iodures, mais ne produisent pas les effets qui leur ont été attribués.

presque universellement à l'iodure d'argent (1), l'iodure de fer compte encore quelques partisans. Ce sel est-il réellement accélérateur? ou, plus généralement, est-il vrai que telle ou telle substance introduite dans le collodion photographique normal le rende plus sensible? Cette grande sensibilité, attribuée à tel agent chimique en vogue, n'est-elle pas plutôt le résultat des soins extrêmes apportés par l'opérateur à la mise en pratique des formules ordinaires, à l'obscurité complète du laboratoire, à la rapidité avec laquelle il a opéré à son tour de main ; enfin, au concours de ces petits riens qui, en tout, font les grandes réussites? Il est pourtant incontestable qu'on peut accroître la sensibilité du collodion en augmentant la dose de l'éther et celle de l'alcool, par la raison très simple que, dans le bain d'argent, il se charge moins d'iodure d'argent; qu'il reste maigre et, par conséquent, plus perméable à la lumière et

(1) C'est à **M.** Humbert de Molard que nous devons l'iodure d'argent soluble ioduré. Le premier, il l'a fait connaître et s'en est servi pour la sensibilisation des papiers négatifs. Appliqué directement et au moyen d'un pinceau, il donne des résultats fort remarquables, et les belles épreuves que **M.** Humbert de Molard obtenait il y a plus de huit ans peuvent encore rivaliser avec les meilleures épreuves faites par d'autres procédés.

aux agents révélateurs. Mais, disons-le bien vite, tout portrait obtenu instantanément ou dans un temps trop court sera forcément incomplet (1); il manquera indubitablement de cette expression exacte et fidèle, de cette gradation par des nuances infinies d'ombre et de lumière, de ce relief profond, de cette vigueur, qui sont le cachet d'une belle épreuve.

Un collodion photographique *normal*, au contraire, fait d'après notre formule simple, qui aura pris dans un bain d'argent une belle couleur opaline, irisée, uniforme, sera infailliblement bon; il sera sensible, presqu'au même degré que le collodion dit instantané.

Que le photographe ne coure donc pas après l'instantanéité, c'est par une exposition relativement longue qu'il obtiendra les plus beaux résultats, et lorsqu'il montrera de belles épreuves, personne ne sera tenté de lui demander le temps qu'il a mis à les faire.

(1) Plusieurs conditions sont indispensables pour obtenir l'effet de l'instantanéité : collodion vierge et nouveau, grande lumière, objectif à court foyer, etc., etc:

Liqueur génératrice au bromure de cadmium.

Faites dissoudre dans :

> 100 c.c. alcool de vin à 38°.
> 1 gr. iodure d'ammonium.
> 4 gr. iodure de potassium.
> 2 gr. bromure de cadmium.

Filtrez vingt-quatre heures après.

Deuxième formule (1).

> Collodion normal,   40 c.c.
> Éther à 56°.   60 c.c.
> Liqueur au cadmium,   12 c.c.

Vous pouvez, ainsi que nous l'avons dit, augmenter la sensibilité du collodion, en le faisant moins dense, — et modifier ainsi la formule :

> Collodion normal,   35 c.c.
> Éther à 56°,   65 c.c.
> Liqueur au cadmium,   18 c.c.

(1) Par cela même que ce collodion est plus sensible que tout autre, et tend, nous le répétons, à donner au cliché, la plus déplorable uniformité de ton, il ne convient donc nullement avec une grande lumière ou une forte chaleur; mais, en hiver et dans les jours sombres, il fonctionne vite et bien. — Seulement, comme il a peu de densité, le cliché a, souvent, besoin d'être protégé par un vernis.

DU COLLODION PHOTOGÉNIQUE.

Catéchisme.

D. Le collodion photogénique conserve-t-il toujours cette couleur ambrée à laquelle on reconnaît
un bon collodion nouveau ?

R. Oui ; quand il n'est point acide, il conserve sa
couleur première sans altération.

D. Est-ce que le collodion rouge, c'est-à-dire
acide, ne vaut absolument rien ?

R. Pour les positifs directs, pour les reproductions
de gravures ou de plâtres, pour le paysage même,
il importe assez peu que le collodion soit plus ou
moins sensible, l'opérateur pouvant remplacer par
la longueur de la pose la qualité qui manque au collodion.

D. Quel est donc le principal défaut d'un collodion rouge, acide et vieux ?

R. Celui de faire un cliché heurté, sans demi-teintes ; à moins qu'on n'obtienne ces demi-teintes par une pose d'autant plus longue que le collodion sera moins sensible.

D. A quoi reconnaît-on qu'un collodion manque d'iodure?

R. L'iodure se combinant à l'argent atomistiquement, si le collodion ne prend pas la couleur opaline dans le bain d'argent, si la couche reste bleue, c'est qu'elle manque d'iodure ; — si, au contraire, elle devient trop blanche, trop opaque, c'est qu'elle est trop iodurée ; — cet inconvénient a surtout lieu en été : le défaut opposé se produit en hiver.

D. Nous avons eu quelquefois une formation anormale d'iodure d'argent vers l'angle inférieur de la glace, dans le sens où le collodion prend son issue ; puis l'image, dans cette partie, était traversée de grandes hachures. A quoi faut-il attribuer ce phénomène ?

R. A ce que la glace collodionnée a été mise trop tôt dans le bain d'argent, alors que la partie inférieure était encore trop humide ; cela arrive surtout quand le temps est froid et l'air chargé d'humidité.

NÉGATIF SUR COLLODION.

MANUEL OPÉRATOIRE.

CHAPITRE XI.

Décaper la glace. Objets et substances nécessaires à cette opération (1).

1ʳᵉ OPÉRATION.

Acide nitrique,
Alcool de fécule,
Ammoniaque,
Craie Lévigée,
Chiffons de linge.

(1) L'épreuve se produit tout aussi bien sur verre que sur glace, et il y aurait certainement une grande économie à n'em-.

Lorsque la glace a déjà servi, qu'elle a été impressionnée, il faut la plonger dans l'eau acidulée (50 d'acide nitrique, 50 d'eau) (1), la laver, la rincer et la laisser sécher. Si elle est neuve, ou bien si elle a subi déjà ce premier lavage, il faut la décaper avec un tampon de vieux linge imbibé d'alcool et d'ammoniaque (à volumes égaux), la frotter encore avec un second tampon imbibé du même liquide, et sécher avec un linge sec et propre, en la frottant assez vivement ; on peut s'assurer du degré de propreté d'une glace en soufflant dessus ; l'haleine condensée devra offrir une couche homogène d'un gris perle, sans tache ni rayures (2).

ployer que du verre ; mais comme ce dernier n'est jamais parfaitement plan, il serait presque inévitablement brisé à la première épreuve positive ; on ne peut donc guère l'employer que pour des positifs directs.

(1) Les verres, excessivement poreux, conservent encore, même après l'action de l'eau acidulée, des petites réductions métalliques ; ce sont autant de petits trous d'un blanc d'argent poli. Un frottis à l'acide nitrique par les fait disparaître.

(2) On peut employer le blanc de craie lévigée pour le décapage. Mettez-en quelques grammes dans un vieux linge, et faites un

Le linge est préférable au papier joseph, qui abandonne trop de peluches ; les poudres de tripoli, etc., doivent être mises de côté ; elles dépolissent le verre et se logent presque toujours dans les pores ; le coton en rame, dans les temps chauds surtout, se colle au verre ; il est difficile de l'en détacher.

On doit polir d'avance, le matin, la veille même, la quantité de glaces nécessaires ; elles se conservent bien pendant une journée ; le lendemain, on n'a qu'à les frotter avec un linge sec.

Si la glace est mal décapée, elle se maculera de taches claires sous la réaction acide ; si la glace a été mal lavée à l'eau acidulée, elle pourra conserver des réductions métalliques qui, loin de disparaître au frottage, résisteront et prendront l'aspect brillant du métal ; si elle est mal séchée, le collodion pourra se détacher dans le bain, ou bien la partie restée humide prendra une teinte inégale d'iodure d'argent.

L'importance du polissage a été peut-être exagérée ; cependant, il faut, dans tous les cas, que la glace

nouet. Promenez-le sur la glace avec quelques grammes d'alcool, et frottez jusqu'à ce que le blanc soit sec ; frottez alors avec un linge imbibé d'alcool pur, et terminez avec un tampon de linge sec et propre.

soit très pure et très sèche. Avant de verser le collodion, il faut l'épousseter avec un pinceau en poils de putois; les poussières qui sont restées adhérentes après le polissage feraient autant de taches ou de trous.

CHAPITRE XII.

Collodionner la glace et la sensibiliser. Objets et substances nécessaires à cette opération.

2ᵉ OPÉRATION.

Un châssis porte-glace de la chambre obscure ;

Un flacon de collodion photogénique ;

Une boîte garnie de glaces propres ;

Un pinceau à longs poils ;

Une cuvette plate à bords élevés, ou une cuve verticale ;

Un bain d'argent (1) ;

Papier buvard.

Avant de collodionner la glace, disposez conve-

---

(1) Bain d'argent négatif :

Eau distillée,	100 gr.
Azotate d'argent,	4 gr.

Lorsque ce bain neuf a sensibilisé une dizaine de glaces, il est bon de l'enrichir de 2 pour cent d'azotate. A cet effet, on peut mêler à ce bain en service une solution nouvelle à raison de 7 pour cent.

nablement tous les objets nécessaires à la production du négatif.

Mettez le bain d'argent dans la cuvette ; préparez du papier buvard, etc.

Donnez la première direction à la chambre noire, placez le modèle, mettez au point, etc.

Prenez un angle de la glace avec la main gauche, entre l'index fermé et le pouce allongé ; tenez-la horizontalement, enlevez les poussières avec le pinceau, versez le collodion (1) sur l'angle opposé en petit filet continu et à trois centimètres des bords ;

(1) Cette petite manœuvre, dont la description paraît longue et embrouillée, n'est absolument rien dans la pratique. Après quelques heures, l'opérateur sera familiarisé avec ce tour de main, et il collodionnera très aisément les glaces du plus grand périmètre. Si c'est une glace de 40 cent., il pourra appuyer l'angle diagonalement opposé au pouce de la main gauche, sur un petit support disposé à cet effet ; nous pensons même qu'on peut s'en dispenser, le goulot du flacon fera le même office quand il recevra l'excès de collodion. Les planchettes porte glace, les tubes de gutta-percha, les pistolets, les crucifix porte-glace, etc., ne sauraient convenir au collodion, qui demande une exécution propre et rapide : laissons le tube-manche en gutta-percha à l'albumine, qui ne saurait s'en passer.

Cette nomenclature, déjà si longue, vient de s'enrichir d'une nouvelle *invention*. — Une grande cuvette avec son *auge immense*, pour verser 4 ou 5 cc. de collodion sur une glace.

faites en même temps un mouvement imperceptible de la main gauche pour attirer le collodion, d'abord vers le corps, puis vers le pouce, mais sans qu'il vienne le toucher, ensuite vers le bord gauche de la glace jusqu'à l'angle opposé, puis, enfin, vers l'angle droit; il faut que le collodion y arrive vite (pas trop cependant, des moutonnages (1) se produiraient); recevez l'excès du liquide dans le flacon, en posant sur le goulot l'angle de la glace, et imprimez-lui un léger balancement de droite à gauche, pendant que le collodion coule, afin qu'il ne se fige pas sur ses rides; avant que la dernière goutte ne soit tombée, posez le flacon, et prenez l'autre angle de la glace (2) avec l'index et le pouce de la main droite, l'index du côté du collodion; retournez les doigts de la main gauche, tenez la glace verticalement sur une feuille

(1) Lorsque la glace est ramenée trop vivement vers la verticale, le collodion se précipite et procède justement comme les vagues de la mer. Comme ici c'est un corps épais qui ne coule pas vite, il ne faut donner à la glace que la pente nécessaire : mais de même que c'est une erreur que d'aller trop vite, c'en est une autre que d'aller trop lentement, surtout en été.

(2) Cet angle a dû rester aussi sans collodion, et c'est par ces deux angles libres que l'opérateur prendra toujours la glace dans les opérations suivantes; précaution indispensable pour ne pas faire de taches au cliché.

de papier buvard, le collodion se trouvant du côté
opposé au corps. Quand la dernière goutte sera tombée, prenez la glace avec la main droite, les quatre
doigts en dessous, le pouce appuyé sur l'angle que la
main gauche abandonne ; tenez-la horizontalement,
le collodion en dessus ; soulevez avec la main gauche
la cuvette du bain d'argent, de manière à rejeter le
liquide de l'autre côté ; posez la glace sur le haut
de la cuvette, accompagnez-la avec le doigt tout
près du liquide, et laissez-la tomber en amenant
le bain dans une situation horizontale, afin que le
collodion soit immédiatement couvert et sans solution de continuité : le liquide doit être assez abon-
dant (1) pour noyer entièrement la couche de collodion qui recouvre la glace. Imprimez un léger
balancement à la cuvette, afin que la nappe liquide,
passant et repassant sur le collodion, lui enlève son
aspect gras. 100 ou 150 secondes suffisent pour
cette opération, mais un séjour plus prolongé ne
saurait nuire ; soulevez la glace avec un crochet

(1) Si la cuvette ne contient pas assez de liquide, la partie de
la couche de collodion qui reste nue se macule de petites taches
rondes et oblongues par le retrait du bain qui, dans ces parties,
ne permet pas la formation de l'iodure d'argent.

d'argent, prenez un petit carré de papier buvard, appliquez-le sur l'angle qui est sans collodion et des deux côtés de la glace ; prenez-la par cet angle, frappez un peu l'angle diagonalement opposé, pour déterminer les premières gouttes à tomber ; mettez-la dans un châssis, couvrez-la d'une feuille de papier buvard, et faites l'épreuve (1).

(1) Nous recommandons, une fois pour toutes, de se tenir dans une obscurité absolue pour les préparations où il entre du nitrate d'argent. Une petite lampe suffit pour éclairer l'opérateur. Si nous insistons sur la nécessité d'une lampe, c'est que le jour, tamisé par les verres jaunes, ne saurait la remplacer ; c'est qu'elle est indispensable dans tous les cas, et que c'est le seul moyen qui permette de suivre le développement de l'image. Le collodion, au sortir du bain d'argent, doit être d'une couleur opaline légèrement irisée, d'une teinte uniforme et sans tache vu par transparence ; s'il offre des inégalités dans la couche ou des taches, on doit mettre la glace au rebut, et ne pas faire l'épreuve.

Catéchisme.

D. Ne pourrait-on pas employer d'autres substances pour nettoyer la glace, et n'y a-t-il pas d'autres
moyens que ceux que vous avez indiqués?

R. Tous les moyens peuvent réussir. Nous recommandons ceux qui nous ont paru les plus expéditifs
et les plus rationnels ; mais il ne faudrait pas en conclure que l'opérateur privé d'alcool ou d'ammoniaque
dût, par cela même, renoncer au polissage de la
glace. L'eau simple nous a souvent réussi; mais il
fallait plus de travail pour parvenir au même résultat.

D. Lorsqu'on a étendu le collodion sur la glace,
doit-on le plonger immédiatement dans le bain?

R. Cela est relatif à l'état chimique de l'air am-
biant. Par une température de 30° centigrades, il
faut se hâter, le collodion séchant très rapidement ;
par un temps humide, au contraire, il convient de
retarder un peu l'immersion, et de bien s'assurer
que l'épaisseur du verre inférieur ne *refroidit* plus le
doigt ; car si le collodion est plongé trop tôt dans le
bain, l'ioduration de la couche n'est point égale dans

toutes ses parties : le côté inférieur où le collodion a pris son issue étant plus humide, la couche, dans cette partie, prendra un aspect laiteux, butireux, et de grandes stries, des rides plus ou moins profondes, résulteront de cette précipitation irréfléchie (*voir page* 78).

D. Et si, pour ne pas se tromper dans ce sens, on donnait dans l'excès contraire, qu'arriverait-il ?

R. Le collodion, plus sec vers la partie supérieure de la glace et vers le côté gauche, formerait comme deux lisières de couleurs moins opalines que le reste de la couche. L'on n'aurait alors d'autre ressource, pour ne pas perdre la préparation, que de réduire les proportions de l'image qu'on veut obtenir. En ré— sumé : pressez l'opération en été ; ralentissez-la en hiver. Ayez toujours égard à la qualité de votre col- lodion ; s'il est avec excès d'alcool, soyez lent. Est-il fait presque sans alcool, soyez prompt. A cela se borne tout ce que nous venons de dire à ce sujet.

D. Lorsque la glace est dans le bain y a-t-il un signe qui indique le moment précis où il faut la re- tirer !

R. Oui. Si, examinée par réflexion à la lumière du laboratoire, la couche iodurée n'a plus l'aspect huileux, on peut retirer la glace ; mais il n'y a, d'ailleurs, nul inconvénient à la laisser plus longtemps dans le bain.

D. La glace étant mise dans le châssis, combien de temps doit-on attendre pour faire l'épreuve; faut-il se presser?

R. Un bain concentré d'argent ayant la propriété non seulement de former l'iodure d'argent, mais aussi de le dissoudre à l'instant même, il est évident que si la glace n'est pas mise en œuvre, l'eau, en s'évaporant, laissera un sel d'argent qui dissoudra l'iodure d'argent. En été, en moins d'une demi-heure, et en hiver, en moins d'une heure, la couche sensible aura disparu, et il ne restera sur la glace qu'un collodion normal dépourvu à la fois de couleur et de sensibilité. Il est donc urgent, non pas d'y mettre trop de précipitation, surtout s'il s'agit d'un portrait, mais, cependant, de ne pas non plus attendre trop longtemps; car, après cinq ou six minutes, en été, l'angle supérieur se trouverait certainement dépourvu d'iodure d'argent. Mais s'il s'agit de la reproduction d'une gravure, on doit avoir mis d'avance au foyer et n'apporter aucun retard, car, la reproduction étant toujours lente, il pourrait arriver que la dissolution d'iodure d'argent eût lieu pendant la pose.

C'est afin d'éviter cet écueil qu'on a successivement employé plusieurs agents chimiques pour conserver l'iodure d'argent humide, dans les cas de déplacement où le laboratoire n'est plus à votre disposition; et dans toutes les circonstances où il devait s'écouler un certain temps entre la préparation de la couche sensible et la formation de l'image dans la chambre noire, ou son développement par les réactifs (*voir* page 122).

D. Nous avons vu aussi l'iodure d'argent se former et disparaître presque immédiatement. Cette dissolution si brusque a, sans doute, une autre cause qu'un bain d'argent trop concentré?

R. Un excès d'iodure dans le collodion produit le même effet qu'un bain d'argent concentré; la dissolution de l'iodure d'argent dans le bain ne peut être attribuée qu'à l'une ou l'autre de ces deux causes.

CHAPITRE XIII.

Exposition dans la Chambre noire. Objets et substances nécessaires à cette opération.

Une chambre noire sur son pied ;

Un appui-tête ;

Siéges, tables, rideaux, vases, jardinières, colonnes, fleurs, etc. ; enfin, un petit mobilier disposé avec goût, afin de ne pas avoir un fond trop nu.

L'on ne pourrait déterminer que très arbitrairement le temps de la pose ; nous devons donc nous borner, à cet égard, à quelques indications au moyen desquelles l'opérateur intelligent parviendra bientôt à discerner la durée relative qu'il convient de donner à ses différentes opérations. Qu'on se rappelle seulement que l'image négative sur collodion ne se solarise pas aussi vite que celle qui est formée sur plaqué d'argent, et que, par conséquent, il vaut

mieux prolonger le temps de la pose que de trop
l'abréger.

Essayons pourtant de préciser et de résumer nos
observations à ce sujet, observations qu'une longue
expérience nous a permis de poser à l'état de règles
pratiques. En pleine lumière directe, avec un objectif
à portrait, on peut obtenir instantanément tous les
objets à grande distance : mer houleuse, vaisseaux
agités, troupes en marche, processions, etc. (1) ;
avec l'objectif à paysage et diaphragmé, l'on doit,
pour saisir les ciels nuageux, opérer instantanément.

En rapprochant les distances, mais toujours en
pleine lumière, on peut aussi obtenir instantanément
un portrait de quelques centimètres de hauteur, tandis qu'il ne faut pas moins de deux à quatre secondes

(1) A Dieppe, pendant la dernière saison des bains, un peintre
distingué, opérateur photographe habile, M. Jujelet, un de nos
élèves, a fait une quantité considérable de portraits instantanés :
—familles entières, en calèches attelées, amazones et jeunes gens
à cheval, enfants à âne ou sur les bras de leurs bonnes, debout
ou jouant, tout le personnel des Bains a posé sans le savoir, devant l'objectif; et quelle qu'ait été la rapidité des mouvements,
le collodion a tout retenu. Nous avons attentivement examiné
ces belles épreuves, qui ont toutes été faites avec le collodion à
l'ioduro de potassium exclusivement, formule unique de notre
traité, les *Quatre Branches de la Photographie.*

pour un portrait sur grande plaque normale, dans les mêmes conditions de lumière. Un monument blanc ou de couleur claire se reproduit en 25 ou 30 secondes avec l'objectif simple ; le paysage vert en demande 60 ou 90 ; la gravure et les reproductions, nous le répétons, exigent de 5 à 10 minutes de pose, et parfois davantage, suivant la distance de l'objectif au sujet. Du reste, la couche sensible est d'autant plus rapidement impressionnée, que l'on opère à une plus grande distance du sujet, et elle l'est d'autant plus fortement que le sujet est plus lumineux.

Prescriptions.

Placez le modèle très exactement au foyer (1), sur la glace dépolie. Si c'est une femme, et qu'elle porte une robe rayée, à carreaux, faites en sorte que, le corps étant de profil, l'ensemble de la robe soit également au foyer. Faute de prendre cette précaution, une grande partie de cette robe semblera composée de carreaux de toutes dimensions, ce qui donnera à ce vêtement l'aspect le plus bizarre et le plus disgra-

(1) C'est toujours sur la ligne de paupière que doit être le foyer.

cieux. Nous ne partageons pas l'opinion de certains *amateurs*, qui s'imaginent qu'il faut faire des sacrifices, et qui veulent obtenir du *flou* à tout prix et à peu près partout; une seule partie nette du visage leur suffit. Ils confondent la peinture avec la gravure et la photographie, dont les conditions ne sont nullement identiques. Le flou du peintre ne peut être le flou du *photographe*; personne ne devrait ignorer cela. Dans les premiers temps, la photographie ne répondait pas aux exigences de l'art; c'est pourquoi les objectifs de Vienne, malgré leur défaut bien connu et leur prix excessif, ont fait faire une si belle fortune à Voigtlander.

Disposez tous les détails avec soin, avec intelligence; agencez bien les rideaux, distribuez la lumière de façon à ce qu'elle s'étende partout à peu près également; on pèche le plus souvent par des oppositions trop fortes; évitez de placer les mains du modèle trop en avant; veillez à ce que la moindre lumière ne pénètre dans le châssis ou dans la chambre, ce qui peut arriver en ajustant le châssis ou en ouvrant le volet. Si ce volet est à coulisse, faites-le glisser lentement, doucement, afin que les grains de poussière qui, malgré toutes vos précautions, pourraient s'y trouver ne tombent pas sur la couche sensible,

—ce qui amènerait sous l'agent révélateur autant de petites taches noires de toutes formes. Craignez moins les poses trop longues que les poses trop rapides.

Retirez le châssis de la chambre avec les mêmes précautions, rentrez dans le laboratoire, et faites apparaître l'image.

CHAPITRE XIV.

Développement de l'image. Objets et solution nécessaires à cette opération.

4ᵉ OPÉRATION.

Un verre à bec pour arroser l'épreuve (1);
Un flacon contenant :

1ʳᵉ Solution (2)
{
Eau distillée,	100 grammes.
Acide pyrogallique,	1/4 —
Acide acétique,	2 c. c.

Un flacon contenant :

2ᵉ Solution
{
| Eau distillée, | 100 grammer. |
| Nitrate d'argent, | 2 — |

Eau ordinaire pour lavage.

(1) Ce vase ne se trouve qu'au dépôt central de Photographie, rue de Lancry, 16.

(2) Cette solution faible nous paraît plus convenable pendant l'hiver ; en été, il sera bon d'avoir une solution plus forte :

    Eau distillée   100 grammes.
    Acide pyrogallique   1/2 —
    Acide acétique   4 c. c.

Pour une glace normale, mettez environ **25** centimètres cubes de la première solution dans le verre à arroser, tenez la glace horizontalement, comme pour la collodionner (1); répandez le liquide sur la couche impressionnée, de telle sorte que la surface en soit entièrement couverte, sans solution de continuité (2); maintenez la glace ainsi horizontale pendant quelques secondes, l'image doit commencer à

(1) On pourrait placer la glace sur un support à niveau pour la soumettre à l'action de l'agent révélateur; c'est le mode suivi par quelques photographes, qui redoutent les taches aux mains, sans songer à celles qui, par ce moyen, se produisent infailliblement sur le cliché. — Notre manière d'opérer a pour but d'empêcher ces taches de se former, et de juger à chaque arrosage le point juste du développement de l'image, afin de pouvoir arrêter à temps l'action de l'agent révélateur.

(2). Pour les glaces de grande dimension, alors qu'il est difficile de répandre le liquide révélateur sans solution de continuité, on peut commencer le développement dans une cuvette, et procéder de la même manière que pour plonger la glace dans le bain d'argent; à cet effet, on prépare un bain d'acide pyrogallique faible :

> Eau,   600 grammes.
> Acide pyrogallique,   1   —
> Acide acétique,   6 c. c.

Ce qui ne dispense pas de la solution ordinaire pyrogallique.
Lorsque la glace a été immergée dans ce bain, et que l'image

paraître : faites rentrer le liquide dans le verre, et versez-le de nouveau *immédiatement* (1) sur le collodion ; renouvelez cette manœuvre jusqu'à ce que l'image soit entièrement développée (*voir* note 5). Si vous avez au-dessous, mais un peu plus loin, votre petite lampe, vous pourrez juger de la venue de l'image ; vous la verrez se développer peu à peu, ou très rapidement. Si l'image est longue à paraître (2),

commence à se développer, on peut activer sa venue par l'acide pyrogallique ordinaire additionné, même, de quelques gouttes de solution d'argent.

(1) Quand on fait entrer, pour la première fois, le mélange dans le verre, la glace, mise à nu, prend un aspect huileux, le liquide se retire, et l'on voit se dessiner aussitôt des ramifications à la surface de la couche. Ces ramifications feraient autant de taches ; il faut donc se presser et ne pas verser d'abord tout le liquide dans le verre. Après quelques lavages, l'agent révélateur a remplacé l'eau ; il n'y a plus alors aucun danger. Pour mieux s'assurer si l'image est entièrement développée, posez l'angle droit de la glace sur le verre, approchez le cliché de la lampe, à 10 cent. de distance, et observez attentivement. En été, il faut se presser : l'image passe vite au noir ; répétons encore qu'un cliché dépassé ne saurait être affaibli, tandis que nous avons le moyen de renforcer un cliché faible.

(2) Il est des cas où l'image se produit si lentement que l'opérateur voit sur-le-champ qu'il n'en peut guère tirer parti comme négatif ; s'il ne veut donc pas en faire un positif direct, qu'il la mette au rebut.

mais que, cependant, elle donne quelque espoir, il faut jeter le liquide, qui se décompose et devient boueux, nettoyer le verre, faire un mélange à peu près égal des solutions n° 1 et n° **2**; arroser derechef l'image et continuer cette espèce de lavage jusqu'à ce que l'épreuve soit entièrement développée : vous reconnaîtrez que le développement est complet lorsque les linges seront devenus noirs et les autres parties éclairées du modèle relativement sombres. Quand l'image v... d' très vite, ce qui arrive toujours en été, ou lorsq.. la pose a été assez longue, il faut se hâter, et si... ..'on voit le blanc des lignes passer au noir, jete... ..omptement la solution d'acide pyrogallique ... ...roser la couche avec de l'eau pour arrêter l'action ; sans cela, le cliché deviendrait trop noir ; il serait perdu.

Cependant, il vaut mieux qu'il soit vigoureux que trop faible, pourvu que les tons aient leur rapport naturel, c'est-à-dire les linges noirs, le front, la pommette éclairée, la côte du nez, etc., presque noirs (surtout si le modèle est très blanc); enfin, que les habits soient venus avec tous les détails possibles. Un cliché vigoureux donnera toujours de bons résultats positifs; seulement, les positifs seront plus longs à se produire sous l'action des rayons lumineux ; un cliché gris, faible, peu venu, donnera des positifs se produisant trop vite, toujours ternes, sans finesse, mauvais.

Catéchisme.

D. Quelles conditions doit réunir un cliché pour être parfait ?

R. Un cliché parfait est celui qui réunit à une couche sans tache, à un collodion fin et diaphane, une image vigoureuse, sans dureté, avec des noirs légers et translucides et non pas intenses, et des blancs faiblement impressionnés ; quelle que soit l'étoffe dont se compose le vêtement du modèle, cette étoffe doit marquer dans ses moindres détails de clair, de demi-teinte et d'ombre. — Nous en dirons autant de la figure. — Une opposition trop tranchée ou un excès d'uniformité, des tons crus, secs ou monotones, déparent la plus belle épreuve et doivent en faire rejeter le cliché.

D. Peut-on, en examinant un cliché, se rendre compte des causes diverses qui ont pu produire ces différents défauts : taches, opposition, etc.?

R. Oui, car chaque tache indique en quelque sorte son origine particulière ; les taches plus claires que le fond général de l'épreuve proviennent du mauvais polissage de la glace : tantôt c'est une goutte de salive échappée au souffle, tantôt c'est le grain du chiffon, etc. — Toute tache noire provient d'un atome de poussière plus ou moins gros, d'une parcelle quelconque d'une substance organique tombée sur la couche sensible pendant que la glace est dans le châssis, laquelle substance se métallise sous l'action de l'agent révélateur. — Une tache blanche qui apparaît comme une solution de continuité de collodion n'est autre chose qu'une pellicule de collodion nageant dans le bain d'argent et qui est restée collée sur la couche, ce qui empêche l'action de la lumière. Dès lors, l'impression n'a pu avoir lieu ; il en est résulté l'enlèvement complet de l'iodure libre et l'absence totale de métallisation.

D. Qu'appelez-vous métallisation ?

R. C'est le résultat des diverses opérations que subit l'iodure contenu dans le collodion. Cet iodure s'est transformé d'abord, dans le bain d'argent, en iodure d'argent, puis, soumis à la lumière de l'objectif, il s'est décomposé, et, enfin, sous l'influence de l'agent chimique, sulfate de fer ou acide pyrogallique, il s'est MÉTALLISÉ, c'est-à-dire réduit à l'état d'oxyde métallique; donc, aussitôt que l'hyposulfite de soude a dissous l'iodure d'argent non altéré par la lumière, le cliché est réellement un composé de collodion pur et de métal argent.

D. Ne peut-il pa y avoir encore des taches d'une autre nature provenant du collodion?

R. Un collodion fait à l'iodure de cadmium, d'ammonium, etc., etc., un collodion mal filtré, ou filtré lorsqu'il tient encore en suspension certaines matières qui passent à travers le filtre, peut produire des taches blanches, ce qui donnerait ce qu'on pourrait appeler un cliché trouaillé; pour éviter cet inconvénient, il faut laisser déposer le collodion ioduré pendant une nuit en hiver, pendant quelques heures en été. Sans cette précaution, surtout avec les collodions composés de bromure, on s'exposerait à jeter dans le filtre les matières en suspension dans le liquide et à avoir le cliché trouaillé, signalé plus haut.

D. Mais le filtre de papier peut-il bien filtrer le collodion, qui est toujours assez dense?

R. Cela n'est pas un obstacle, si le filtre est pointu et bien enfoncé dans l'entonnoir.

D. Dans les pays ou très chauds, ou très froids, ne faut-il pas prendre des précautions toutes particulières, et même les opérateurs qui habitent les zones tempérées n'ont-ils pas à prendre les mêmes précautions dans les temps de fortes chaleurs ou de grand froid?

R. Évidemment, dans l'espace que parcourt le thermomètre en allant de 2 degrés au-dessous de zéro à 25 au-dessus, il y a toute une série de modifications à faire subir aux manipulations, à la pose, etc. — Les théories elles-mêmes, autant que la pratique, ne sont plus du tout semblables, tant les conditions diffèrent, et pour l'opérateur et pour les agents sur lesquels il agit. N'oublions pas que les réactions chimiques ont lieu plus rapidement en présence de la chaleur qu'en présence du froid ou de l'humidité. — Les iodures, celui de potassium, surtout, se dissolvent mieux quand il fait chaud; il faut diminuer la dose de l'alcool ioduré dans le collodion, ce qui n'empêche même pas le collodion de blanchir bien davantage dans les temps chauds que pendant les froids; par la même raison, l'iodure, en hiver, étant dissous plus difficilement et en moins grande quantité, il faudra une plus grande dose d'alcool ioduré.

D. A quoi peut-on reconnaître si le collodion manque d'ioduration?

R. A la couleur qu'il prend dans le bain d'argent.
— Si la glace reste bleu clair, non opale, c'est que
le collodion n'est pas suffisamment ioduré.

D. Peut-on y remédier immédiatement ?

R. Il faut attendre que le mélange soit effectué,
et filtrer de nouveau.

D. Quelle est au juste l'influence de la durée de
la pose sur les résultats de l'opération ?

R. Si le temps de la pose a été trop court, le cliché sera dur, il n'y aura pas de demi-teinte ; ce ne
sera qu'un composé de blanc et de noir. Si le temps
de la pose est précisément ce qu'il doit être, le cliché sera parfait. En hiver, la durée ordinaire et normale étant dépassée de moitié en sus, le cliché sera
très bon, même si le temps de la pose a été prolongé
outre mesure ; mais il n'en sera pas ainsi dans les climats chauds, ou même en France pendant les fortes
chaleurs. — Si en hiver une minute a suffi, vous
pouvez hardiment faire poser pendant deux ou trois
minutes, l'image n'en sera que plus modelée, plus
fouillée, plus belle. — En été, si dix secondes donnent une bonne épreuve, vingt secondes produiront
infailliblement un cliché gris-solarisé. — Cela tient,
nous le répétons, à ce que la réaction chimique est
aussi active en été qu'elle est lente par les temps froids.

D. Y a-t-il encore d'autres causes qui peuvent concourir à produire un cliché heurté ou grisâtre?

R. Oui ; 1° un vieux collodion produira infailliblement un cliché heurté, à moins d'une très grande lumière ou d'un excès de pose. 2° Un vieux bain produira le même effet. 3° Il en sera de même si, après que la glace est prête, l'on se presse trop pour faire l'image, pour soumettre la couche impressionnée à l'action de l'agent révélateur. Celui-ci, rencontrant une quantité de bain concentré sur la couche, produira instantanément une métallisation complète sur les blancs du modèle, pendant que les couleurs sombres seront en retard ou ne viendront pas du tout. 4° Le temps de la pose étant insuffisant, aboutira sans doute aux mêmes effets. 5° Enfin, un acide pyrogallique trop concentré n'aura pas des résultats moins fâcheux (1).

(1) Voici la formule d'un procédé qui nous a souvent réussi, et que nous recommandons aux opérateurs qui se sentiraient inhabiles à reproduire avec finesse une belle barbe brune ou rouge ; préparez un bain de sulfate de fer dans les proportions suivantes :

Sulfate de fer	10
Eau	100
Acide acétique	10

D. Que faut-il donc faire pour éviter tous ces inconvénients et se rendre maître absolu des différentes opérations ?

R. Les opérateurs qui habitent les pays chauds devront faire un collodion plus clair, moins chargé d'iodure, et un bain relativement plus faible ; ils atténueront la lumière de l'atelier de pose ; le bain d'acide pyrogallique sera plus fort et plus acidulé, et même mélangé avec un peu de solution d'argent. Nous avons dit qu'un défaut de pose, une lumière faible, un agent révélateur trop fort concouraient ensemble ou séparément à la formation heurtée du cliché ; mais il est également vrai de dire que la grande lumière, un excès de pose, un bain révélateur sans addition d'argent ou faible, produisent souvent une image grise sans relief ni vigueur. Or, si pour laisser aux ombres le temps de venir, on doit affaiblir l'acide pyrogallique qui agit seul, ou presque seul, il sera rationnel

En sortant de la chambre noire, plongez la glace dans ce bain, l'image paraîtra aussitôt. Retirez la glace de ce bain et lavez-la ; lorsque la dernière goutte de ce bain aura disparu, continuez l'opération avec l'acide pyrogallique additionné d'un peu de solutions d'argent ; l'image se complétera bientôt, et la barbe rebelle apparaîtra dans ses moindres détails, et les carnations seront d'un très beau modelé.

de le renforcer par quelques gouttes de bain d'argent, si l'on veut métalliser les lumières qui, sans cette précaution, resteraient dans le ton des couleurs obscures.

D. Que faut-il attendre, et que peut-on espérer d'un bain neuf ?

R. Un bain d'argent négatif neuf, surtout quand il fait chaud, est rarement bon ; il donne souvent, quoique dans les meilleures conditions, des images faibles : c'est l'effet inverse du bain vieux. Dans de mauvaises conditions, il donne une image voilée, rougeâtre, à peine visible.—Les débutants sont souvent attristés dans leur début par cette cause, dont l'effet leur est inconnu.—Voici le moyen d'y remédier : Si votre solution, votre bain négatif est d'à peu près 300 gr., jetez y environ 40 c. c. de collodion photogénique, il se produira presqu'aussitôt dans la cuvette un magma d'iodure d'argent sur des pelotes de collodion ; agitez un moment la cuvette, et revidez le bain dans le filtre, frottez la cuvette avec soin. Vous pouvez dès lors vous servir de ce même bain, il est devenu excellent.

D. N'y a-t-il plus enfin d'autres causes susceptibles de produire à peu près les mêmes effets ?

R. Des effets à peu près identiques peuvent se pro-

duire à la suite d'un *coup de jour* sur la couche,
causé ou par la maladresse de l'opérateur qui aurait
laissé une partie de volet ouverte, ou par le laboratoire qui ne serait point absolument soustrait à l'action de la lumière, ou, enfin, par la chambre noire
qui ne fermerait pas hermétiquement.

D. Faut-il avoir recours au verre coloré, jaune
ou rouge, ou doit-on préférer l'emploi de la
lampe ?

R. Dans tous les cas, et pour de bonnes raisons,
nous aimons mieux que ce soit la lampe qui éclaire
notre laboratoire ; et d'abord est-il bien prouvé qu'un
laboratoire éclairé par un verre jaune soit réellement à l'abri de toute lumière ? nous ne le pensons
pas.—Il est d'abord très difficile, pour ne pas dire
impossible, de juger un cliché d'après la lumière
jaune ou rouge de la vitre. Le seul moyen de le bien
apprécier, c'est de le regarder par transparence, en
approchant de très près de la lumière artificielle,
qui donnera la même relation de ton que s'il était vu
détaché sur le ciel, tandis que sur le carreau jaune,
tel cliché semblera très vigoureux, qui sera jugé excessivement faible lorsqu'il sera fini et rendu à son
vrai jour.

D. Peut-on déterminer le degré de vigueur qu'il

faut donner au cliché pour obtenir une bonne épreuve positive ?

R. Rien de plus simple. — Vu par transparence et détaché sur le ciel, les blancs du modèle qui sont noirs dans le cliché, doivent, malgré cette teinte, laisser tamiser un peu de lumière. Les grandes lumières de la figure doivent être presque noires, mais un peu plus translucides que les noirs du linge. — Les noirs parfaits, les noirs *superbes*, comme on dit dans certaines méthodes, ne laissant tamiser aucune lumière, donneront au positif une partie blanche crue, dure, inadmissible dans tout dessin bien entendu.

D. Si la faiblesse du cliché résulte seulement de ce que l'opérateur n'aura pas fait agir l'agent révélateur assez longtemps, pourra-t-on y remédier ?

R. Nous avons employé souvent, et toujours avec succès, un moyen assez singulier et qui semble en complet désaccord avec la théorie; ce moyen consiste à soumettre de nouveau la couche désiodée ou mettre le cliché qui a tiré un certain nombre d'épreuves, à l'action de l'agent continuateur. — A ce sujet, nous insistons de nouveau sur cette recommandation, qu'il vaut beaucoup mieux laisser l'épreuve en deçà que de la pousser au-delà de sa *venue*. Avec un cliché très vigoureux, il est déjà difficile d'obtenir un positif satisfaisant; mais, si le cliché est poussé trop loin, le positif sera dur, cru, blaffard, sans demi-teinte. Dans le cas, au contraire, où votre cliché est un peu faible, ce dont vous vous êtes assuré par un positif, vous pouvez aisément le renforcer par ce moyen : Mettez la glace sous un robinet de fontaine, et mouillez la couche de collodion, laissez égoutter un instant ; arrosez la couche de collodion avec un mélange égal d'acide pyrogallique et de solution d'argent (page 97); surveillez attentivement, en regardant la glace, par transparence et à chaque arrosage, vous verrez l'image noircir de plus en plus ; vous arrêterez l'effet quand il vous conviendra, en couvrant la couche, d'eau. Mais, du reste, vous pouvez recommencer cette manœuvre indéfiniment et sans danger, jusqu'à ce que vous jugiez la force du négatif tout à fait suffisante. Mais, comme nous le répétons, l'action est presqu'instantanée, à moins que le liquide révélateur ne soit extrêmement faible : il vaut mieux le faire un peu faible, surtout lorsque le cliché est si facile à renforcer. Ce procédé a encore cet avantage, qu'aucune tache ne se produit ni pendant, ni après l'opération ; il suffit de rincer un peu la glace pour débarrasser la couche de tous les réactifs ; puis on fait sécher comme à l'ordinaire.—Nous sommes heureux de pouvoir indiquer ce procédé aux opérateurs; car, quelles que soient l'expérience et l'habileté d'un artiste, il ne peut apprécier toujours exactement la valeur des tons à la lumière tamisée par les verres jaunes ou rouges du laboratoire, pas plus que par la lumière artificielle. A la lumière directe et naturelle, le cliché peut apparaître sous un jour bien différent et produire des résultats tout autres qu'on ne l'avait supposé.

D. Il nous est arrivé souvent, pendant les grandes chaleurs, d'obtenir des clichés d'un aspect singulier; en séchant, il se produisait sur la couche du collodion comme un retrait partiel en forme de moire, et le collodion avait alors l'apparence d'une mousseline.

R. Ce phénomène a lieu assez fréquemment avec les collodions de certaines provenances, ou avec les collodions photogéniques composés d'après des formules particulières. Un excès d'alcool dans la fabrication du collodion normal, ou une trop grande quantité d'alcool ajoutée par l'opérateur en le préparant photogéniquement, est la principale et peut-être la seule cause de l'effet en question. Ajoutez à ce collodion trop clair un peu de collodion normal dense, et vous remédierez à cet inconvénient. Nous

n'avons jamais de clichés semblables avec notre méthode, et nous obtenons des clichés moirés à volonté
lorsque nous voulons démontrer la cause qui les produit. Il suffit, pour cela, que la couche sensible manque de cohésion.

CHAPITRE XV.

Fixer l'épreuve négative. Objets et substances nécessaires à cette opération.

~~~~

5ᵉ OPÉRATION.

Bain fixateur (1).

Eau ordinaire	100 grammes.
Hyposulfite de soude	30 —
Eau ordinaire pour lavage.	

(1) L'on ne comprend pas l'engouement de certains opérateurs pour le cyanure de potassium, engouement qui leur fait donner la préférence à ce poison, sur l'hyposulfite de soude qui est un sel inoffensif. L'hyposulfite de soude n'a aucune action sur l'argent réduit, celle du cyanure, au contraire, est telle, que l'image peut en être affaiblie et même entièrement effacée ; ce n'est qu'une question de force ou de temps.
~~~~

Posez la glace sur un pied de niveau, ou tenez-la par un angle, couvrez-la de cette solution.

La couche, d'un blanc opalin (1), qui montre encore une image négative, ne tarde pas à se dépouiller, et à mesure que l'iodure non modifié disparaît, l'image (2), vue par réflexion, passe au positif. Lorsque l'iodure libre a complétement disparu, ce qui est facile à reconnaître en regardant la glace par trans-

(1) La couche n'a pas toujours cet aspect, le cliché est d'autant plus *limpide*, que la lumière a été plus belle et qu'il a fallu moins de temps à l'agent révélateur pour le produire. Mais, si en raison d'une lumière insuffisante l'agent continuateur a dû agir plus longtemps sur cette couche, la couleur opaline disparaît, la couche prend un aspect gris-cendré, terne, qui ne change presque pas au fixage. La quantité d'acide acétique contribue aussi à la grande transparence du cliché ; moins d'acide, plus d'opacité dans la couche de collodion.

(2) Quelques auteurs et bon nombre d'opérateurs pensent qu'un bain d'hyposulfite concentré peut affaiblir l'épreuve, ou même la détruire entièrement ; rien n'est moins à craindre : l'hyposulfite concentré n'a aucune action sur l'iodure décomposé, sur l'argent réduit ; il n'enlève que l'iodure libre, mais rapidement. Avec un bain d'hyposulfite faible, il ne faut pas moins d'un quart d'heure pour dépouiller l'épreuve ; le négatif n'ayant donc rien à craindre de l'action plus ou moins prolongée d'un bain concentré, l'opérateur fera sagement de le laisser agir plutôt plus que moins.

parence, lavez-la à l'eau ordinaire, comme précédemment, mais bien plus longtemps. Il s'agit ici de
faire disparaître à son tour la solution d'hyposulfite
qui, en séchant, ne manquerait pas de cristalliser sur
l'épreuve et de la perdre.

Le collodion étant bien lavé, prenez la glace avec
la main droite, l'index du côté du collodion par l'angle que l'on avait saisi d'abord avec la main gauche
en collodionnant, et levez-la perpendiculairement,
de telle sorte que le collodion se trouve du côté opposé au corps; dans cette position, votre main étant
en bas, l'hyposulfite dont elle est mouillée ne pourra
pas tacher le cliché, ce qui arriverait infailliblement
si vous opériez d'une autre manière; posez la glace
debout sur ce même angle, appuyée contre un mur
et sur un carré de papier buvard, et laissez-la sécher
naturellement.

Si vous êtes pressé de faire un positif, tenez le cliché à une certaine distance devant un bon feu..

Il faut, dans tous les cas, que le négatif et le positif soient parfaitement secs, lorsqu'ils seront mis en
contact ; sans cette précaution, vous perdriez l'un et
l'autre.

Lorsque le cliché est sec, enlevez le collodion des
deux autres angles et aussi celui des bords de la glace

sur une largeur d'environ cinq millimètres ; cette précaution est indispensable si vous voulez prendre le cliché impunément, avec des doigts presque toujours imprégnés d'hyposulfite.

Le collodion est une substance moins tenace que l'albumine, aussi doit-on prendre quelques précautions en faisant les positifs ; quelques collodions, surtout ceux qui contiennent beaucoup d'alcool, ceux qui ont été trempés presque secs dans le bain d'argent ou qui sont venus difficilement sous l'action des agents révélateurs, n'adhèrent pas plus que la poussière des ailes du papillon ; pour ceux-ci, quand on veut tirer un grand nombre d'épreuves, nous conseillerions l'emploi du vernis de MM. Sœhnée frères, cité du Wauxhall, 8.

On étend ce vernis sur l'image négative de la même manière que le collodion, mais en agissant plus rapidement pour éviter les poussières ; pendant que le vernis coule encore, on dresse la glace sur l'angle par lequel s'écoule le liquide sur un carré de papier buvard, le collodion en dessous. Si, quelques instants après, on voyait le vernis se couvrir d'un voile blanchâtre, voile qui ne paraît qu'à une basse température, on l'approcherait d'un bon feu de braise, et il reprendrait sa limpidité. Il est toujours plus prudent de faire chauffer le cliché avant et après l'opération (1).

Catéchisme

D. Peut-on se dispenser de désioder le cliché?

R. L'on peut se contenter de fixer l'iodure sans le dissoudre, au moyen d'une faible solution d'hyposulfite, que l'on promènera pendant 10 ou 15

---

(1) Lorsque le collodion est de bonne nature, qu'il s'argente sous le frottement, qu'il est tenace enfin, on peut se dispenser du vernis, surtout si le cliché n'est pas destiné à tirer un grand nombre d'épreuves. Nous avons des clichés non vernis qui ont tiré des centaines d'épreuves, et des clichés vernis qui en ont tiré plus de 1000; mais, il faut bien l'avouer, si le cliché verni gagne en solidité, il perd toujours un peu en pureté. Une autre propriété du vernis, c'est de donner une trop grande translucidité au collodion, de telle sorte, qu'un cliché venu à *point* perdra infailliblement, pendant qu'un cliché heurté (blanc et noir) gagnera au vernissage. En effet, ce dernier étant couvert d'une réduction métallique trop complète, la transmission lumineuse eût été à peu près nulle; dans ce cas le vernis lui donnera la translucidité qui lui manque dans les parties noires et n'ajoutera rien à la transparence de celles où la réduction métallique ne s'est pas effectuée. Nous pourrions dire en concluant : Ne mettez jamais de vernis sur un cliché parfait.

secondes sur la couche; après quoi, on lavera avec soin.

D. Quand on désiode la glace en fixant par l'hyposulfite concentré, à quel signe reconnaît-on que l'iodure est entièrement dissous?

R. A ce qu'en général, la glace, en perdant son iodure libre, perd son aspect opalin, et que l'image, vue par réflexion, passe à l'état de positif; mais comme il peut arriver par suite d'une longue exposition à la chambre noire, ou pour tout autre motif, que l'iodure ait pris un ton gris cendré, qu'il ne perdra pas au fixage, il est bon de regarder par transparence et en pleine lumière, et de s'assurer s'il ne reste pas quelques taches d'iodure jaunâtre; car, quel que soit l'état de l'iodure, opalin ou non, ces taches seront apparentes à la lumière naturelle. — Ces précautions prises, on soumettra de nouveau le cliché à un long lavage.

D. A quelle cause attribuer ces taches jaunes, en forme de lignes droites ou diagonales, qui apparaissent souvent sur le cliché lorsque l'épreuve est lavée et séchée?

R. Ces taches proviennent de l'hyposulfite de soude, qui a été mal éliminé.— L'opérateur n'ayant pas assez lavé le haut de la glace dans la crainte d'enlever la couche de collodion, l'épaisseur de la glace a retenu de la solution désiodante, et le cliché, mis sur l'angle ou carrément, aura laissé couler l'hyposulfite, ce qui a dû altérer la métallisation.

D. Si la glace mal lavée retenait de l'hyposulfite, même en solution faible, qu'en résulterait-il ?

R. La présence de la moindre partie de cette solution se traduit par une légère cristallisation du sel, sous forme d'astérisques ; un mauvais lavage produit des arborisations de toute sorte, assez semblables au givre sur les vitres, pendant l'hiver.

D. N'est-il pas possible de transporter le collodion sur une substance moins cassante que la glace, et non moins translucide ?

R. L'on a essayé successivement de la gutta-percha, de la gélatine et d'un certain vernis, — mais aucune de ces diverses substances n'a paru propre à cette fonction, et, si parfois ce procédé a réussi, c'est un peu au hasard, et toujours sur une petite échelle (1).

---

(1) A l'imprimerie de Vienne l'on a fait dans cette voie un grand progrès, et les négatifs enlevés sont très grands et très beaux ; mais leur procédé de transport par et sur la gutta-percha est-il un moyen pratique ? nous en doutons.

Le papier albuminé nous paraît le meilleur support comme translucidité, et comme moyen de conserver les finesses du support primitif. Comme réussite infaillible, le procédé que nous décrivons plus loin peut être d'un grand secours dans les voyages lointains.

PHOTOGRAPHIE MONUMENTALE.

CHAPITRE XVI.

Du moyen de conserver la sensibilité à la couche de collodion. Objets et substances nécessaires à cette opération.

6ᵉ OPÉRATION.

Une cuve verticale ou plate pleine d'eau distillée ;
Un flacon d'eau distillée ;
Un flacon d'hydromélite.

Reprenons la glace au sortir du bain d'argent (*voyez* page 87), ruisselante encore et prête à être mise dans le châssis de la chambre noire.

Le collodion, qui a puisé chimiquement dans le bain d'argent son principe sensible, a aussi enlevé mécaniquement une assez grande quantité de solution argentifère qui, comme nous l'avons déjà dit, détruirait en séchant, l'iodure d'argent de la couche.

Plongeons donc la glace dans l'eau distillée, agitons la cuvette, changeons cette eau, et recommençons ainsi deux ou trois fois; finissons en rinçant la glace.

La couche débarrassée ainsi par le lavage de la solution argentifère superficielle, couvrons-la d'une couche d'hydromélite (1), en suivant la même marche que pour la couvrir de collodion; seulement laissons séjourner plus longtemps la nappe liquide sur la glace; après quoi rejetons l'hydromélite, et posons la plaque debout sur un de ses angles et sur du papier buvard; ayant laissé égoutter un instant, remettons une seconde couche d'hydromélite, et laissons égoutter de nouveau. Cela fait, si l'on met à l'abri de toute lumière, la glace ainsi préparée, elle pourra être conservée pendant plusieurs jours.

Rappelons cependant ici que plus longtemps la glace sera conservée, moins l'iodure sera sensible,

(1) On peut en composer en faisant dissoudre à chaud 100 gr. de miel dans 200 gr. d'eau distillée; après dissolution, filtrer.

et plus il faudra de soins pour débarrasser la couche de collodion, du sirop préservateur qui la recouvre. Ainsi, après 24 heures de préparation, par exemple, le temps de la pose pour un paysage ne dépassera guère cinq minutes ; il en faudra dix si la glace n'est exposée à la lumière de la chambre noire qu'après quatre ou cinq jours.

Plus on la conserve, et plus la couche sacchareuse se dessèche ; il faut par conséquent, au moment du lavage, prolonger de plus en plus son séjour dans l'eau tiède ou dans l'eau froide, sous peine de manquer l'épreuve et de perdre le cliché.

Après avoir impressionné la glace dans la chambre noire, prenons les précautions suivantes, avant de faire apparaître l'image; plongeons la glace dans un bain d'eau chaude ou froide, selon la température extérieure et selon l'état de la dessiccation de la couche saccharine, et débarrassons-la entièrement du sirop qui la couvre; plongeons-la ensuite dans un bain faible d'argent (4 pour 100) (1), puis couvrons-la de la solution d'acide pyrogallique (*voyez* page 98), en pro-

---

(1) Ou bien encore, en l'absence de ce bain, composons l'argent révélateur de parties égales d'acide pyrogallique et de solution faible d'argent.

cédant aux autres opérations comme s'il s'agissait du collodion ordinaire.

Après avoir exposé cette méthode de conservation qui peut rigoureusement suffire à tous les besoins, nous devons expliquer la méthode de M. Taupenot, procédé qui a paru préférable sous certains rapports, quoiqu'il offre un peu plus de difficultés et qu'il demande un peu plus de temps pour se réaliser complétement. Ce procédé consiste en deux opérations bien distinctes, entre lesquelles un intervalle doit s'écouler. La première opération a pour but de sensibiliser la glace collodionnée ; puis de lui faire subir plusieurs lavages comme pour le procédé à l'hydromélite (page **122**), et enfin de couvrir la couche de collodion d'une couche d'albumine iodurée(1). Il faut ensuite poser la glace sur un angle

---

(1) Pour obtenir l'albumine iodurée, faites l'opération suivante : cassez proprement des œufs frais, séparez la glaire du jaune, enlevez le germe, ajoutez à cette glaire un quart de son poids d'eau distillée et 1 pour cent d'iodure de potassium.

Soit : glaire   110 g.   ⎫ Battez avec une four-
       eau   25 g.   ⎬ chette d'argent, jusqu'à
       iodure de potassium 1 g.1/4 ⎭ neige épaisse.

Laissez déposer : vingt-quatre heures après le liquide qui est au fond du vase est l'albumine iodurée, propre à couvrir le collodion ioduré.

et la laisser sécher à l'abri de la poussière. Après environ six heures, plus ou moins, selon la température, la couche sera sèche et pourra subir l'immersion dans un nouveau bain (1); plongez alors la glace de la même manière que dans le bain d'argent pour le collodion, lavez-la dans une cuvette dans plusieurs eaux, et enfin, rincez-la avec soin, puis faites-la sécher à l'abri de toute lumière.

Cette couche se maintiendra sensible pendant longtemps, et aura sur toutes les autres, l'avantage d'être très impressionnable à la lumière, tout en conservant la plupart des propriétés du collodion humide.

Le procédé Taupenot a l'avantage sur le procédé hydromélite, de ne pas retenir les poussières, seule cause de quelques insuccès lorsque l'on fait subir un transport aux glaces, quelque court qu'il puisse être.

Pour faire venir l'image, il suffit de mouiller la glace avec de l'eau avant de la soumettre aux agents

______

(1) Ce bain se compose de :

100 gr. eau distillée,
10 gr. nitrate d'argent,
auquel vous ajoutez 10 gr. acide acétique lorsque l'azotate est dissous.

révélateurs, soit qu'on fasse agir l'acide gallique ou l'acide pyrogallique.

Si vous employez l'acide gallique, ayez soin d'en avoir, saturé d'avance à la lumière directe. Quelques c.c. de cette solution saturée, mêlés à quelques gouttes de solution faible d'azotate d'argent, suffiront au développement complet de l'image. Si vous préférez l'acide pyrogallique, procédez comme avec le collodion; seulement, ajoutez quelques gouttes de la solution faible d'azotate d'argent.

Il nous resterait à indiquer les modifications de toutes sortes que nous avons fait subir à ce procédé, et les essais tentés par nos collègues, tels que collodion non sensibilisé, non ioduré, etc.

Il semble résulter de l'examen des expériences qui ont été faites par plusieurs de ces opérateurs, depuis la publication du système Taupenot, en vue d'en modifier le procédé, que le collodion, ioduré ou non ioduré, sensibilisé ou non, doit communiquer les mêmes propriétés à la couche albuminée sensibilisée. Nous ne pouvons cependant être de cet avis, car nous n'avons jamais pu réussir complétement lorsque la couche de collodion n'avait pas été préalablement sensibilisée. Nous ne mentionnerons que pour mémoire les procédés à la dextrine, à la solution de graine de lin , à la gélatine, etc. Ces divers moyens rentrent tous dans la catégorie des procédés hydromélite ou albumine. Ajoutons toutefois que le procédé à la gélatine nous paraît absolument impraticable.

Nous terminerons l'examen des procédés dits *collodion sec*, dont l'importance a motivé un si long article, par le procédé primitif, celui que, le premier, nous avons employé et décrit, et qui ne nous avait donné d'abord que d'assez médiocres résultats. Il diffère peu du procédé ordinaire du collodion humide; on pourrait même, à la rigueur, l'employer tout à fait de la même manière. Il vaut mieux cependant ajouter au bain d'argent quelques c. c. d'acide acétique, 5 pour cent à peu près; laver avec soin la glace iodurée au sortir du bain d'argent et terminer ce lavage par un rinçage à grande eau, puis laisser sécher dans une obscurité absolue. Le moyen à employer pour faire apparaître l'image, est le même que pour le procédé Taupenot; l'acide gallique et l'acéto-nitrate, l'acide pyrogallique, nous ont aussi parfaitement réussi (1).

(1) Au moment de faire paraître l'image, il sera mieux de faire prendre à la glace, un bain d'argent, de quelques secondes.

NOTES

POUR LES NÉGATIFS SUR COLLODION.

NOTE I.

De même que la constitution chimique du collodion ioduré est sujette à de grandes variations, de même le bain de nitrate d'argent subit une succession de changements qui peuvent désespérer l'expérimentateur le plus habile et le plus patient.

Pour se rendre bien compte des remèdes à employer dans ces cas si fréquents, il faut s'être appliqué à comprendre la condition dans laquelle se trouve un bain neuf, et avoir étudié les changements qui surviennent à mesure que l'on opère. Un bain neuf est presque toujours acide, ont écrit quelques auteurs; et dans cet état, ajoutent-ils, il est peu propre à donner de bons résultats.

Un bain d'argent neuf est, au contraire, presque toujours neutre, et donne, en effet, d'assez mauvais résultats, tandis qu'un bain qui a sensibilisé une dizaine de glaces et qui rougit le papier de tournesol, donne de très bonnes épreuves (1). Toutefois, on ne saurait en conclure qu'il devient meilleur en vieillissant; car si l'on continuait à s'en servir sans le modifier, on s'apercevrait assez vite qu'il a dégénéré. Et comment en serait-il autrement? Le bain qui était neutre d'abord, est devenu acide, sa constitution chimique a donc dû subir aussi une succession de changements sensibles, à mesure que chaque glace lui enlevait de l'argent en abandonnant de l'alcool, de l'éther, de l'iode, etc. On doit alors, non pas le changer, mais ajouter à ce bain, déjà un peu vieux, une solution d'azotate d'argent au titre de 7 pour cent. Ceci est d'autant plus facile, que si l'on n'a mis dans la cuvette que la quantité de bain nécessaire pour mouiller la glace, on sera forcé, pour

____

(1) Si la première épreuve est couverte d'un voile rouille, si elle est peu apparente, il faut vieillir le bain. A cet effet, versez dans la cuvette à peu près 10 pour cent de collodion ioduré, il se formera à l'instant un magma d'iodure et de collodion; jetez le liquide dans le filtre, frottez la cuvette avec du papier joseph, et reprenez le bain ; il sera parfait.

la noyer, d'avoir recours au liquide réparateur. On maintiendra ainsi la solution dans les conditions d'un bain ni trop nouveau ni trop usé, et par conséquent dans le meilleur état possible (1).

NOTE 2.

On peut régler à peu près de la manière suivante le temps des poses. Ces règles sont inutiles pour le

---

(1) Nous avons dit que la constitution chimique du bain d'argent changeait après chaque immersion d'une glace ; dans notre première édition nous avions recommandé le bain faible à 5 pour cent d'abord, puis le même bain additionné d'une solution à 7 pour cent. Ce procédé est des meilleurs, et ce que nous n'avions fait qu'indiquer jadis, ce que nous n'avions qu'entrevu nous-même, nous l'avons approfondi plus tard, et nous pensons maintenant qu'il n'est pas sans intérêt de consigner ici, dans un tableau très restreint, quelques faits et quelques chiffres qui en diront plus que toutes les hypothèses.

Pour couvrir une glace normale, il faut 6 cent. cubes de collodion ; en calculant sur quelques gouttes perdues, on peut dire que 100 cent. cubes de collodion suffiront à former la couche de 16 glaces. Or, ces 100 cent. cubes contiennent 96 cent. d'iodure de potassium qui, par la loi des équivalents, enlèveront chimiquement 1 gr. d'azotate d'argent, puis mécaniquement 50 cent. cubes d'eau, laquelle eau contient 2 gr. 5 cent. d'azotate d'argent.

En effet, 100 cent. cubes de notre collodion contiennent 95 cent.

photographe déjà initié, mais elles peuvent avoir quelque intérêt pour le commençant.

Paysage en lumière. — Objectif pour vues, muni de son petit diaphragme, en été, avant midi, deux minutes.

Il ne faut pas oublier cependant que trois minutes valent mieux que deux, l'image vient plus vite. Toutefois, si la première épreuve vient trop grise, trop

d'iodure de potassium, et notre bain d'argent neuf, 5 pour cent ; il est facile de se rendre compte de ce que devient un bain après la sensibilisation de 16 glaces, et, en tenant compte de son appauvrissement successif par la perte de l'azotate d'argent, on arriverait à le maintenir toujours au même degré ; mais il faut aussi tenir compte de la loi chimique, et nous voyons que si, par celle des équivalents, le bain qui a sensibilisé 16 glaces normales a perdu chimiquement 1 gr. d'argent pour former 1 gr. 29 cent. d'iodure d'argent, il s'est enrichi en même temps d'une quantité équivalente d'azotate de potasse, richesse qui, à elle seule, constituerait une pauvreté, quand même on voudrait négliger les acides et les autres sels qui concourent à gâter complétement le bain ; car, à la longue, et malgré les précautions indiquées, la solution aqueuse d'azotate d'argent finit par contenir un peu de tout, excepté de ce sel, et l'on comprend, que dans de telles conditions, la réussite devienne impossible.

En résumé, nous disons : 16 glaces qui ont exigé 100 cent. cubes de collodion, contenant 96 cent. d'iodure de potassium, ont enlevé au bain, chimiquement, 1 gr. d'azotate d'argent, et uniforme de ton, le temps de la pose a été dépassé.

Portrait. — Objectif allemand, quatre-vingts millimètres (grandeur normale).

1° Belle lumière diffuse dehors, 2 à 4 secondes ;

2° Lumière diffuse faible dedans, 5 à 20 secondes.

Avec objectif français, en général, à long foyer, le temps de la pose doit être à peu près double.

A mesure qu'on éloigne l'objectif du sujet, l'image se forme plus vite ; si l'on opère de loin avec un ob-

mécaniquement, 2 gr. et demi ; le bain s'est donc appauvri de 3 gr. et demi d'azotate d'argent ; mais il a perdu aussi 50 gr. d'eau. Abstraction faite des autres substances abandonnées dans le bain par l'immersion des 16 glaces, il faudrait donc, pour le remettre dans les mêmes conditions qu'auparavant, y ajouter environ 50 gr. d'eau, tenant en solution 3 gr. et demi d'azotate d'argent. C'est en effet ce que nous avons déjà indiqué, c'est ce que de nouvelles expériences rigoureuses nous autorisent à confirmer. Nous ajouterons cependant qu'un bain qui a sensibilisé une centaine de glaces et auquel on a fait subir ces additions successives n'en est pas moins un bain impropre à donner de bons résultats. Du reste, l'opérateur s'en apercevra bien vite à ces signes : La glace sera très lente à perdre dans le bain l'*aspect huileux* qu'elle prend d'abord ; on éprouvera de la difficulté pour étendre l'acide pyrogallique, qui se retire en formant des taches ; enfin, par la présence de l'aldéhyde, il se formera des réductions métalliques partielles, présentant assez bien l'apparence d'une étoffe de laine à longs poils.

jectif double, et sur des objets vivement éclairés, l'impression est instantanée.

A mesure qu'on approche l'objectif du sujet, l'image devient plus grande, elle est plus longue à se former dans la chambre obscure, etc., etc.

A l'aide de ces données principales, l'opérateur pourra estimer approximativement le nombre de secondes ou de minutes exigées par telle ou telle lumière, telle ou telle distance de l'objectif au sujet, etc., etc., pour que la couche sensible soit convenablement impressionnée.

NOTE 3.

Le dosage de l'acide pyrogallique doit être varié à l'infini, ainsi que celui de l'acide acétique ; pour bien comprendre ceci, il faut comprendre les propriétés fondamentales de ces deux agents en photographie.

L'acide pyrogallique, employé seul, est un agent réducteur des plus énergiques.

L'acide acétique ajouté préserve les blancs, les défend de l'action trop puissante de l'acide pyrogallique, les empêche de noircir trop vite.

De là ces conséquences : 1° plus le mélange contient d'acide pyrogallique, plus l'image vient vite ; 2° plus la proportion d'acide acétique est grande, plus la venue de l'image est retardée. Si l'acide pyrogallique est en excès, l'image apparaîtra vite, mais avec des oppositions trop fortes d'ombre et de lumière : on appelle ces clichés *blanc* et *noir* (1). Si, au contraire, c'est l'acide acétique qui domine, l'image restera uniformément grise ; il n'y aura plus de contraste suffisant de lumière et d'ombre : dans l'un et l'autre cas, ce sont de mauvais résultats que l'on obtient.

Si l'on reste dans un juste milieu, que l'on n'emploie aucun des deux agents en excès, et si l'on règle leurs proportions en raison de la lumière plus ou moins vive émise ou réfléchie par l'objet, on arrive à des résultats constants, c'est-à-dire bons et toujours tels. Prenons un exemple :

Si la personne à reproduire est blanche, si elle est habillée d'habits de couleur claire, gris, bleus, violets, etc., il n'y a pas de différence ou de contraste

____

(1) Il en est souvent de même si pour faire apparaître l'image on ajoute à l'agent révélateur simple (acide pyrogallique) la deuxième solution argentifère.

dans la lumière réfléchie par les diverses parties, et la figure viendra évidemment en même temps que les habits; les couleurs se fixeront dans leur degré de lumière relative; il n'est donc pas besoin d'empêcher les blancs de noircir trop vite, il vaut mieux, au contraire, leur laisser prendre un peu de vigueur.

1re SOLUTION :

Eau distillée,	100 grammes.
Acide acétique cristallisable,	8 —
Acide pyrogallique,	0,3 décig.

2e SOLUTION.

Eau distillée,	100 grammes.	
Nitrate d'argent,	2 —	(1)

Avec ce dosage on peut diminuer le temps de la pose, et les tons ne seront pas heurtés, ou plutôt ils auront certaines oppositions qui se feront valoir, ce qui n'aurait pas lieu avec un autre dosage.

Pour une personne au teint blanc, vêtue d'habits de deuil, verts ou couleur marron, etc., il vaudrait

----

(1) Il faut mêler vingt parties de la première solution avec dix de la seconde à peu près.

mieux se servir de cette nouvelle combinaison, à proportion plus forte, des deux acides, mais où l'acide acétique est en excès.

1re SOLUTION :

Eau distillée,	100 grammes.
Acide acétique,	14 —
Acide pyrogallique,	0,8 décig. (1)

2e SOLUTION :

Eau distillée,	100 grammes.
Nitrate d'argent,	4 ...

Dans le premier cas, le rapport de la quantité d'acide acétique à la quantité d'acide pyrogallique était représenté par dix ; il est de près de dix-huit dans le second : le temps de la pose devant être plus considérable à cause des habits, il fallait une grande proportion d'acide acétique pour empêcher la figure de noircir trop vite, tout en permettant aux habits de se développer et de venir à point.

(1) On commence par arroser la couche avec l'acide pyrogallique seul ; si l'image ne se développe pas assez vite, ou si elle manque d'oppositions, on ajoute à l'acide, quelques grammes de la deuxième solution.

Entre ces deux extrêmes, l'opérateur intelligent saura modifier convenablement ses proportions.

Il existe plusieurs agents révélateurs; dès le commencement nous les avons expérimentés; mais nous avons toujours reconnu que l'acide pyrogallique était incontestablement supérieur à tous les autres.

Avec les sulfates, protosulfates, etc., on n'arrive jamais, ou presque jamais, à amener l'épreuve au ton voulu; l'image se produit instantanément sous l'influence des sulfates; mais, ou elle s'arrête tout à coup et ne prend plus de vigueur, ou bien elle noircit trop vite si la pose a été trop prolongée : c'est un défaut capital, il suffit à lui seul pour faire rejeter ces réactifs. Du reste, bien moins énergiques que l'acide pyrogallique, ils n'ont sur celui-ci que le faible avantage de donner des tons plus doux, qui conviennent mieux aux épreuves positives directes sur toile ou sur verre.

NOTE 4.

Des images positives par réflexion.

Lorsque la glace sensibilisée reçoit dans la chambre obscure l'action de la lumière, si cette lumière est assez vive, les sels d'argent sont décomposés partout avec la même énergie, et, sous l'influence des agents révélateurs, l'image latente se développe avec des rapports de ton propres à une belle épreuve négative. Dans le cas d'une exposition insuffisante, le sel d'argent n'est décomposé qu'aux endroits lumineux : or, comme ces endroits altérés correspondent justement aux endroits éclairés du modèle, l'image n'est d'abord visible qu'à ces endroits; ce qui constitue ces parties apparentes, c'est une couche insoluble d'argent, une réduction métallique; les parties noires de l'image, les habits, par exemple, sont à peine indiqués; soumis à l'action dissolvante de l'hyposulfite de soude concentré, le collodion, en perdant l'iodure d'argent libre, deviendra d'une transparence extrême dans les parties peu impressionnées par la lumière, pendant qu'il restera opaque dans les parties fortement modifiées, etc. Si l'on place alors la glace sur un objet noir, on y verra paraître une image positive par réflexion : en effet, les parties métalliques de l'image ne laisseront pas voir le fond sombre sur lequel l'image est posée, tandis que les noirs qui ont conservé une grande transparence le laisseront à découvert.

L'importance que certains opérateurs attachent à

ce genre de portrait, nous engage à donner une plus grande étendue à cet article, afin de leur faciliter les moyens de réussir avec plus de certitude. Cet engouement se justifie, jusqu'à un certain point, en ce que ce genre de photographie ne demande ni les soins, ni les connaissances exigés pour les négatifs sur collodion, et qu'il suffit de quelques minutes pour la fabrication et la livraison d'un portrait, lequel portrait peut acquérir une certaine finesse, et est toujours, au moins, passable, quelle que soit la lumière qui l'a formé : noire ou blafarde, l'image est toujours assez bonne, surtout pour le bas prix auquel elle peut être livrée.

Nous dirions volontiers que, dans ce procédé, ce sont les plus mauvais collodions qui donnent les meilleurs résultats; collodion vieux, faible de densité et d'ioduration, voilà qui convient merveilleusement. Cependant, ajoutons bien vite que tout collodion, quel qu'il soit, produit nécessairement une image amphitype; que cette image est toujours et invariablement: négative par transmission, positive par réflexion; mais ces images sont rarement bonnes, à la fois, sous ce double aspect, c'est-à-dire que si, vu par transmission, le négatif est parfait; il sera, par cela, même, brûlé, trop blanc comme positif vu par réflexion. Il fera, par contre, rarement un négatif capable de donner de bons positifs sur papier, si l'image est belle, vue par réflexion.

Il résulte de ce fait que si, pour obtenir un bon négatif, l'opérateur a dû faire subir au modèle, une pose de 20 secondes, l'image positive directe pourra être formée en moins de 10, — et que si, pour compléter l'image négative, l'action de l'agent continuateur a dû être prolongée, le contraire a dû avoir lieu dans le procédé positif direct. Une multitude de petits moyens ont été imaginés pour obtenir de bons portraits positifs directs sur verre ou sur toile, — tels que : addition dans l'acide pyrogallique de 2 ou 3 gouttes d'acide nitrique et d'argent ; — addition dans le même bain révélateur, d'hyposulfite de soude, etc. — Tous ces moyens ont leur valeur relative, assurément, mais voici le procédé qui nous a paru supérieur, et auquel nous nous sommes arrêté, ainsi que la formule de notre collodion spécial :

Collodion normal,	60 c. c.
Ether à 36°,	60 c. c.
Iodure d'ammoniac,	1 gr.
Iodure de nikel,	1/4 gr.
Brômure de cadmium,	1/4 gr.

L'exposition sera relativement courte.

Voici, pour faire venir l'image, la formule de notre agent révélateur :

Sulfate de fer,	10
Eau distillée,	100
Acide acétique,	10
Acide nitrique,	1/2
Azotate d'argent,	1/2

Lorsque la glace a été plongée dans ce bain, on peut la retirer aussitôt, l'image étant ordinairement assez venue ; — s'il lui manquait quelque chose, on compléterait l'opération par de l'acide pyrogallique et la solution faible d'azotate d'argent, mêlés.

Pour dépouiller l'épreuve en la fixant, on prendra :

Cyanure de potassium,	2
Eau,	100

Lorsque l'image positive par réflexion est fixée et lavée, vous pouvez, à votre gré et sans inconvénient, la conserver sur verre ou la transporter sur toile cirée. Dans le premier cas, il faut faire sécher le collodion, et lorsqu'il est sec, le couvrir d'un vernis noir ; l'image sera ainsi préservée, d'un côté, par le vernis, et de l'autre, par la glace.

Si vous désirez transporter sur toile cirée cette image si fragile, coupez un carré de toile cirée noire très belle, plus petit de quelques millimètres que la glace; échauffez-le par le frottement ou devant le feu ; posez la glace à plat sur une main de papier buvard, et appliquez la toile cirée sur le collodion, en commençant par un des côtés et avançant peu à peu vers l'autre ; posez sur la toile une feuille de papier buvard, passez votre main dessus pour faire bien également adhérer la toile, enlevez le papier, retroussez le collodion sur la toile cirée ; relevez légèrement et avec précaution un des angles, et essayez de soulever la couche de collodion ; aidez-y même, au besoin, en introduisant un filet d'eau entre la glace et la couche; si le collodion est de nature tenace (ce que vous êtes toujours le maître d'obtenir en le faisant plus dense), il se détachera très facilement et sans solution de continuité ; suspendez alors la toile par un angle; lorsqu'elle sera sèche, vous aurez une image tellement à l'abri de toute injure, qu'il ne sera même pas besoin de la vernir.

CHAPITRE XVII..

Transport sur papier albuminé, de l'image négative.

Le transport, sur papier, du négatif collodion n'est pas plus difficile à exécuter que son transport sur toile cirée; l'o.   'ion est à peu près la même, elle réussit toujours et donne d'excellents résultats. Deux conditions cependant sont indispensables pour réussir : un collodion tenace, c'est-à-dire fait avec très peu d'alcool, et une feuille de papier albuminé (1).

(1) On albumine le papier avec des blancs d'œufs battus en neige, comme pour l'albumine ordinaire déjà décrite ; seulement on ne met ni iodure ni chlorure dans cette préparation, à laquelle on ajoute 25 pour cent d'eau, à peu près. On peut aussi l'employer pure.

Lorsque le négatif est fixé, lavé, terminé, mettez la glace à plat sur un cahier de papier buvard, le collodion en dessus; prenez une feuille de papier albuminé un peu plus petite que la glace, appliquez cette feuille, l'albumine en dessous, sur le collodion, en commençant par un des bords de la glace, et, avançant peu à peu vers l'autre bord afin d'éviter les bulles d'air; appliquez dessus une feuille de papier buvard et pressez avec votre main, ou mieux avec un tampon de linge, pour faire adhérer l'albumine au collodion; enlevez la feuille de papier buvard et roulez avec le doigt la pellicule de collodion sur la feuille albuminée, à ce moment le collodion aura fait corps avec elle; relevez un peu l'angle du papier, et, avec l'ongle, détachez le collodion de la glace, pour faciliter la séparation; introduisez un petit filet d'eau sous la couche, et saisissant cet angle que vous avez relevé; pendant que l'eau coule enlevez le tout diagonalement et assez vite, le collodion adhérera parfaitement à la couche albuminée; suspendez la feuille et laissez-la sécher. Lorsque le collodion transporté est sec, il est si bien incorporé au papier, que le frottement le plus prolongé, le froissement le plus brusque ne sauraient l'en détacher; il est, en un mot, bien plus solide qu'un négatif ordinaire sur papier.

Mais cette épreuve négative a été redressée par le fait du transport, et si on l'employait au tirage d'un positif par la méthode ordinaire, on obtiendrait une image renversée. Il faut donc opérer autrement ; pour que l'épreuve positive soit redressée, il faut mettre le cliché renversé sur la glace de fond du châssis, en sorte que la partie blanche du papier se trouve du côté de l'opérateur. Dans cet état, l'image négative n'étant pas en contact immédiat avec le côté préparé du papier positif, l'on pourrait croire que la transmission lumineuse se faisant à travers la pâte du papier, il dût en résulter moins de finesse et de netteté. Rien n'est cependant moins à craindre, et nos expériences réitérées nous autorisent à dire, que l'image positive ainsi produite, est tout aussi belle que si la pellicule de collodion fût restée sur la glace qui l'avait d'abord supportée.

En résumant les avantages de ce procédé, on voit qu'il n'y a plus à craindre pour la fragilité des glaces ; n'en ayant besoin que d'un petit nombre, elles ne causeront plus d'encombrement, et l'on ne sera pas obligé d'en chercher dans les pays où il serait difficile de s'en procurer ; enfin, le prix des glaces n'effraiera plus l'opérateur, qui n'en fera pas une grande consommation. Avec ce procédé, on aura des négatifs d'une solidité à toute épreuve et la certitude de ne pas les gâter en les mettant même au contact d'un papier positif humide. Si l'on cirait le papier du négatif avec soin, l'épreuve positive gagnerait en finesse et viendrait beaucoup plus vite.

L'on a déjà, depuis longtemps, essayé bien des procédés pour le transport du collodion sur papier, et quelques auteurs, en France et en Angleterre, ont formulé leur méthode; nous les avons expérimentées toutes, et nous pouvons dire hardiment que pas une seule ne nous paraît susceptible d'être mise en pratique, pas plus celle qui consiste à enlever le collodion par les quatre coins, comme un linge, que celle où il est question de faire un double transport pour remettre l'épreuve dans sa situation primitive.

Ceux qui ont décrit de tels procédés ont-ils réussi une seule fois sur cent? Nous croyons pouvoir en douter; notre méthode, au contraire, est tellement sûre, que nous ne pensons pas qu'on puisse gâter une seule épreuve en suivant nos indications.

Le transport ainsi opéré, le cliché est inaltérable; mais il a perdu un peu de sa finesse, même alors que le papier a été ciré avec soin, et qu'il s'est maintenu sans taches dans l'opération du cirage. Le moyen de conserver sa valeur première à la couche de collodion transportée, est d'appliquer sur le papier 3 ou 4 couches de vernis à tableaux.

Trempez dans ce vernis un pinceau plat, et passez-le proprement sur le papier,—en ayant soin de croiser les couches; puis, suspendez le cliché dans un endroit chaud ; — 24 heures après vous pourrez appliquer une seconde couche de vernis, et ainsi de suite jusqu'à ce que vous ayez obtenu une translucidité complète.

Cette dernière opération rendra le cliché aussi diaphane que la glace ; et l'image, ainsi transportée, donnera une épreuve positive aussi fine, aussi brillante que lorsqu'elle était sur son premier support.

CHAPITRE XVIII.

Des positifs par transparence sur verre opale, blanc bleu, violet, etc., pour former des vitraux ou pour abat-jour de lampe, etc.

Ce procédé, qui n'est cependant qu'une application toute simple des principes de la Photographie ordinaire, est assez peu connu ; aucun auteur, que nous sachions, ne s'en est occupé. Nous espérons que l'exposé que nous allons en faire suffira à l'opérateur le moins exercé pour pouvoir le mettre en usage.

Si, après avoir placé sur un porte-appareil quelconque une boîte sans fond, vous insérez un négatif vers le milieu de cette boîte, dans une rainure, et que vous établissiez votre objectif au foyer sur le négatif vu par transparence, l'image qui se formera dans la chambre noire sera également une image positive par transparence. Or, il est évident que si, au lieu de copier ce négatif sur une glace ordinaire, vous avez

étendu le collodion sur un verre bleu ou violet, etc.,
l'image positive pourra former une partie de votre
vitrail ; 5 ou 6 verres de couleurs différentes, réunis
avec des lames de plomb, comme cela se pratique
pour la peinture sur verre, pourront former des
vitraux charmants ou des abat-jour de lampe qui
offriront, sous les nuances les plus variées et les plus
gracieuses, les portraits ou les paysages préférés. —
Il y a plus de trois ans que nous avons obtenu ainsi
plusieurs portraits d'une finesse qui les rendait bien
supérieurs à ceux qu'on peut avoir sur plaqué d'argent, en même temps que leur couleur était bien plus
harmonieuse.—Il faut seulement ne pas oublier qu'un
vernis doit protéger le collodion.

C'est encore en copiant par transparence que l'on
peut reproduire un cliché, ou même encore l'agrandir en le reproduisant, ou enfin, si l'on craint de le
perdre, le multiplier en vue d'un grand tirage.—L'i-
mage copiée étant négative, la copie sera toujours
une image positive. Si, ne s'arrêtant pas à la reproduction simple du positif sur verre, on désire agrandir ou refaire un négatif pareil, une seconde opération sur le positif par transparence que l'on vient
d'obtenir, donnera le négatif désiré, identique ou
agrandi.

Ce procédé conduit à une autre application photographique que nous ne mentionnons que pour mémoire, car elle est de peu d'intérêt. Lorsque vous avez copié le négatif et obtenu un bon positif par transmission, vous pouvez le rendre positif par réflexion, et le transporter sur papier. — En voici le moyen :

Lorsque le positif sur verre par transparence, est complet, lavez-le et fixez-le par les moyens ordinaires (hyposulfite de soude), ou mieux encore, par une solution de

<table>
<tr><td>Eau distillée,</td><td>100 gr.</td></tr>
<tr><td>Cyanure de potassium,</td><td>1 gr.</td></tr>
</table>

Mais, comme cette solution altère l'argent métallique, il faut bien surveiller l'opération, car l'image pourrait disparaître sous l'action corrosive du dissolvant.

Lorsque l'image est fixée, lavez-la avec soin, pour enlever toute trace de cyanure.

Continuez l'opération en couvrant la glace d'une solution saturée de bichlorure de mercure ; examinez attentivement la succession de phénomènes qui se produisent ; l'image noircit un peu d'abord, puis elle se couvre d'une couleur blanchâtre, opaline bleue, et négative par réflexion ; dès lors, l'effet est produit, lavez toujours avec le plus grand soin, afin qu'il ne reste pas la moindre trace de bichlorure sur la glace, laissez-la égoutter un instant, puis couvrez-la de la solution suivante :

Eau,   100
Hyposulfite de soude,   6

Si l'action de l'hyposulfite a lieu régulièrement, l'image semblera bientôt se dépouiller de nouveau pour prendre les plus beaux tons, — lavez encore, et à grande eau ; l'épreuve est arrivée au point de pouvoir être transportée sur papier.— Nous avons dit, page 145, le moyen d'opérer ce transport ; il est des plus faciles.

Le papier le plus propre à cette opération, celui qui donne les plus beaux tons, est le papier porcelaine. Toutefois, il est bon de lui faire subir une immersion de quelques minutes dans de l'eau distillée, et de le poser sur le collodion également couvert d'eau. Lorsque la feuille est presque en contact avec le collodion, soulevez la glace ; l'eau qui est entre l'image et le papier s'échappera, et le papier viendra complétement adhérer au collodion ; laissez égoutter, et enlevez comme nous avons indiqué page 145.

DU PAPIER POSITIF ET DES ÉPREUVES.

MÉTHODES DIVERSES POUR LES POSITIFS SUR PAPIER.

Considérations générales.

La préparation du papier positif est très facile, le tirage de l'épreuve ne présente aucune difficulté sérieuse, et, avec quelques précautions, on peut toujours, et à coup sûr, arriver à un bon résultat.

Il est bon, toutefois, que le photographe soit suffisamment au fait des propriétés des agents chimiques qu'il emploie, afin qu'il puisse, à volonté, les changer, les modifier, les supprimer.

Le sel ordinaire, le chlorure de sodium pur, le sel ammoniac, en un mot, tous les chlorures, ont pour propriété fondamentale de précipiter les sels d'argent. Quelque faible que soit le bain de sel, quelque faible que soit la proportion de sel dont le papier s'est imprégné, quelque faibles que puissent être la solution de nitrate d'argent et la couche de chlorure d'argent qui se formera sur la feuille, le papier ainsi préparé, mis en contact avec le négatif, donnera toujours une épreuve positive ; mais cette épreuve sera-t-elle dans les conditions voulues de force, de profondeur, de durée ? Bien certainement non. Quelques auteurs ont conseillé, cependant, des bains de sel faibles, en recommandant de ne laisser la feuille sur le bain que deux ou trois minutes. Il nous semble que c'est là une erreur, surtout si le papier est fort et non satiné. Le dépôt de sel est dans ce cas trop superficiel, et le chlorure d'argent formé se présente lui-même en couche trop faible. Il faut donc *immerger* la feuille dans le bain de sel, et la laisser assez longtemps pour qu'elle en soit pénétrée, afin que le chlorure d'argent se forme dans la pâte ; ce n'est qu'à cette condition que l'on peut obtenir une bonne impression, des tons riches et une image durable.

Si le chlorure d'argent est trop superficiel, on a des épreuves faibles, supportant à peine le fixage et s'affaiblissant avec le temps ; si au contraire le chlorure d'argent a pénétré profondément dans le papier, les épreuves que l'on obtient sont fortes et indélébiles. En résumé :

Plus il y aura de sel dans le papier, plus il se formera de chlorure d'argent ; plus il y aura de chlorure décomposé sous l'influence des rayons lumineux, et plus la résistance dans le fixage sera grande. Les bains de chlorure d'or donneront des tons plus beaux et rendront indéfinie la durée de l'épreuve.

DU PAPIER POSITIF

ET DES ÉPREUVES.

CHAPITRE XIX.

Préparation du papier salé. Objets et substances nécessaires à cette opération.

1re OPÉRATION.

Une cuvette plate ;
Papier de Saxe coupé de grandeur ;
Épingles ;
Papier buvard.

SOLUTION (1).

Eau distillée,	800 grammes.
Chlorure de sodium,	48 —

(1) On peut employer le sel de cuisine ordinaire, mais il est rarement pur. Le sel ammoniac est encore préférable, il est

Il faut préparer cette solution au moins 2 heures à l'avance ; elle doit être filtrée ou du moins décantée avec soin.

Essuyez la cuvette destinée au bain de sel, versez la solution en décantant, prenez une feuille par deux angles diagonalement opposés, courbez-la en rapprochant les deux mains, posez l'angle de la main gauche sur le bain, en accompagnant le papier avec la droite ; lorsque la feuille se trouve sur le bain, prenez la cuvette des deux mains, imprimez-lui un mouvement de va-et-vient et immergez la feuille ; s'il se forme quelques bulles, soufflez dessus pour qu'elles disparaissent. Prenez une seconde feuille et continuez ainsi, jusqu'à dix ; retirez le paquet du bain de sel, piquez-le contre une planche étagère garnie de liége (1). En été, le paquet entier ne tardera pas à sécher et les feuilles seront parfaitement salées ; en hiver, il faudra le suspendre dans

moins hygrométrique. Sur du papier collé à l'amidon et avec le concours du chlorure d'or, il donne aux épreuves un ton plus harmonieux. Le chlorure de sodium, avec du papier collé à la résine, donne des tons plus chauds, rouges ou sépia.

(1) On doit coller sur l'épaisseur des tablettes du laboratoire une feuille de liége de 5 ou 7 millimètres d'épaisseur, destinée à tenir les épingles des papiers.

11

un lieu chauffé. Ce moyen nous a toujours bien réussi, et nous le conseillons de préférence à tout autre; il est des plus expéditifs. Le papier étant sec, vous devez le mettre à l'abri de la poussière; il se conserve pendant plus d'un an.

CHAPITRE XX.

Sensibiliser le papier salé. Objets et substances nécessaires à cette opération.

—⁓⁓—

Une cuvette plate ;
Papier salé.
Epingles.

2ᵉ OPÉRATION.

Solution d'argent. — Bain positif.

Eau distillée,	300 grammes.
Azotate d'argent,	60 —

Cette solution, faite d'avance, doit être filtrée dans la cuvette destinée à cet usage. Après y avoir préparé 12 ou 15 feuilles normales, il faut l'enrichir de 5 ou 6 grammes d'azotate d'argent qui ont été absorbés par les feuilles. Sans cette précaution, le bain irait en s'affaiblissant de plus en plus, et finirait par ne plus renfermer d'argent.

Mettez dans une cuvette plate une couche du bain positif, haute de 5 à 6 millimètres ; prenez la feuille salée par les deux angles opposés ; choisissez l'envers (1) (c'est le côté qui offre l'aspect d'une toile), marquez-le du signe ✕, faites-y une corne de 15 millimètres environ, relevez-la en équerre et repliez-la fortement sur elle-même, posez le bon côté sur le bain en abandonnant la feuille de la main gauche et l'accompagnant doucement avec la droite ; laissez-la sur le bain pendant quatre ou cinq minutes, relevez-la par la corne et piquez sur le liége le coin sec.

Si l'on enfonçait l'épingle dans le papier humide, il pourrait se produire une tache de cuivre sur la feuille, à moins que l'épingle ne fût d'argent.

Laissez sécher dans une obscurité absolue, puis

(1) Si l'on regarde le papier destiné au positif avant le bain de sel, il est difficile d'en reconnaître l'envers ; mais lorsqu'il a été mouillé, le grain ressort, et le tissu, espèce de trame, se laisse facilement apercevoir.

mettez les feuilles, dans un carton hermétiquement fermé (1).

(1) Ce papier ne conserve pas longtemps sa blancheur ; il ne faut guère en préparer que pour les besoins du lendemain, en été surtout ; en hiver, après huit jours même, il n'aura pris qu'une légère nuance lilas, et il sera apte à donner encore une bonne épreuve.

CHAPITRE XXI.

Tirage des épreuves positives. Objets et substances nécessaires à cette opération.

·····

3ᵉ OPÉRATION.

Un châssis-presse à doubles glaces ;
Papier blanc ;
Caoutchouc vulcanisé ;
Carton fermé pour recevoir les épreuves.

Nettoyez avec soin par derrière la glace négative et la glace du châssis-presse des deux côtés ; posez le négatif sur la glace du fond du châssis, le collodion en dessus ; couvrez-le avec le côté préparé du papier positif, ajoutez sur celui-ci trois feuilles de papier blanc et propre, puis une feuille de caoutchouc vulcanisé de 2 millimètres d'épaisseur ; abaissez les deux volets à glace ; et mettez les crochets.

Exposez le châssis aux rayons directs ou à la lumière diffuse, mais toujours perpendiculairement à la direction du rayonnement lumineux.

On ne saurait déterminer le temps nécessaire à la venue d'une belle épreuve ; cela tient à la lumière et aussi au cliché qui peut être plus ou moins translucide, plus ou moins vigoureux ; en été, avec un cliché ordinaire, il suffit, à peu près, de 10 minutes par un beau soleil En hiver, par un temps gris, humide, il faut 1 heure, 2 heures, quelquefois même une journée entière. Dans tous les cas, on doit laisser venir l'image bien plus noire qu'on ne veut l'obtenir, puisqu'elle perdra beaucoup au fixage ; il faut, en général, que les noirs profonds de l'épreuve commencent à prendre la teinte vert olive (page 168) ; on doit regarder l'épreuve de temps en temps pour s'assurer de sa *venue ;* on couvre à cet effet un volet, et l'on regarde de ce côté pendant que l'autre reste fixe ; en opérant de la sorte, l'image retombe exactement sur les mêmes points de l'épreuve négative, et l'épreuve positive ne présente pas de doubles contours.

CHAPITRE XXII.

Fixage des épreuves positives.

4ᵉ OPÉRATION.

Si, au sortir du châssis-presse, on laissait l'image exposée au soleil ou même à la lumière diffuse, on comprend que le chlorure d'argent libre noircirait aussitôt, et l'épreuve serait perdue. Il faut donc la fixer sans retard, ou la conserver dans un carton, à l'abri de toute lumière, jusqu'au moment du fixage.

A cet effet, plongez-la dans une bassine pleine d'eau ordinaire et laissez-la dans ce bain pendant une ou deux minutes; lorsqu'elle en est pénétrée, mettez-la dans le liquide suivant :

Bain fixateur.

(1) Eau ordinaire,   500 grammes.
  Hyposulfite de soude,   70 —

(1) Si l'on fixe l'épreuve dans le but d'obtenir un ton clair et chaud, pour faciliter le coloriage, on doit ajouter à ce bain quelques gouttes d'ammoniaque pure.

Tournez et retournez plusieurs fois l'épreuve ;
immergez-en une seconde, et même une dixième ;
après une demi-heure, relevez l'épreuve et regardez-
la par transparence. Si la pâte du papier est pure, si
elle n'a point un aspect poivré (page 174), elle est
fixée, on peut l'ôter du bain ; il vaut mieux cependant, et par excès de précaution, l'y laisser encore
quelques minutes ; quand l'épreuve est fixée, il faut
la rincer avec soin et la mettre dans une bassine
pleine d'eau (page 177) ; changez souvent cette
eau, surtout si la cuvette est petite ou si plusieurs
épreuves baignent ensemble. Après plusieurs heures
(quinze heures suffisent), l'épreuve est fixée ; néan-
moins, si l'on veut assurer à l'image une grande
durée, il faut la laisser séjourner au moins vingt-
quatre heures dans une assez grande masse d'eau
souvent renouvelée.

L'on peut sécher l'épreuve dans du papier buvard
et même devant le feu (1), mais il est peut-être mieux
de la suspendre et de la laisser sécher naturellement ;
elle est alors terminée ; si le photographe dispose
d'un laminoir avec plaque d'acier ou pierre lithogra-

____

(1) Ce moyen peut être employé pour faire noircir l'épreuve,
si elle manque de vigueur.

phique, il doit la satiner, car cela ajoute beaucoup
à sa finesse et fait mieux ressortir les détails.

Notes pour le Papier positif.

Du papier albuminé.

Ce papier, peu artistique pour la reproduction du
portrait ou du paysage, est indispensable pour les
images stéréoscopiques, pour la reproduction des
objets d'art, des bronzes, des ciselures, etc., etc.

Les contours estompés, si appréciés des artistes,
les tons harmonieux, obtenus par les préparations
ordinaires, et qui, en rapprochant la photographie de
l'*aquatinta*, donnent presque aux portraits la valeur
d'une peinture, seraient un vrai contre-sens, lorsque
la représentation des objets exige des lignes d'une
grande pureté, d'une grande finesse et d'un dessin
bien arrêté, presque dur.

La préparation albumineuse peut donc être de
quelque utilité dans certains cas, mais elle est surtout indispensable pour les vues stéréoscopiques.

Plusieurs dosages réussissent également bien; nous

n'en donnerons qu'un, et nous laisserons à l'opérateur intelligent le choix d'une albumine plus ou moins forte, en nous bornant à rappeler que plus il y a d'eau dans l'albumine, moins le vernis qu'elle forme est brillant.

Mettez dans une capsule ou dans un grand vase profond, après en avoir ôté les germes :

Blancs d'œufs,	400	grammes.
Eau distillée,	100	—
Chlorhydrate d'ammoniaque,	30	—

Battez jusqu'à neige avec une fourchette d'argent ou de buis ; lorsque la mousse se soutient, mettez à l'abri de la poussière et laissez reposer quinze ou vingt heures.

Au moment de vous en servir, décantez avec soin le liquide dans la cuvette destinée au bain de sel.

La solution albumineuse remplace le bain salé (première opération du positif). Marquez l'envers de la feuille du signe ✕, et posez-la sur cette solution de la même manière que sur le bain d'argent, mais avec des précautions bien plus grandes, pour éviter les bulles ; relevez-la même peu à peu, pour vous assurer qu'il n'y en a point, et faites-les disparaître s'il s'en est formé.

Laissez la feuille *sur* ce bain pendant dix minutes,

et suspendez-la par l'angle sec, mettez un morceau de papier buvard à l'angle opposé.

Lorsque les feuilles sont sèches, et avant de les soumettre à la deuxième opération (bain d'argent), mettez-les une à une entre deux feuilles de papier blanc et propre, et passez dessus un fer à repasser modérément chaud. Le papier reprend sa forme, et l'albumine coagulée devient insoluble dans l'eau.

Le chlorure d'argent se forme plus lentement sur la feuille albuminée; si vous voulez dés tons moins rouges, laissez la feuille pendant dix minutes sur un bain d'argent à vingt-cinq pour cent au moins.

NOTE.

Si l'image a dépassé le ton vert-olive dans les noirs, si les demi-teintes ont disparu sous une réduction métallique trop forte, si enfin elle est trop venue, on ne pourra pas lui faire perdre le ton vert-bronze métallique dans le bain fixateur; avant donc de la plonger dans ce bain, il faut la dépouiller de l'excès de réduction : à cet effet, mettez-la d'abord dans l'eau, et laissez-la s'en imprégner pendant une minute; jetez l'eau et couvrez l'épreuve d'une solution de chlorure d'or acide (1) ; suivez attentivement l'action du chlorure d'or : s'il est neuf, l'effet sera instantané ; sitôt que le ton bronze aura disparu , pressez-vous et lavez l'épreuve à grande eau ; plongez-la alors dans le bain fixateur et continuez les opérations comme il est dit à la page 165.

Lorsque vous dépouillez une épreuve trop venue, hâtez-vous, et ne la laissez sous l'action du chlorure d'or que tout juste le temps nécessaire, plutôt moins; ce bain est très actif et l'épreuve pourrait perdre de sa vigueur; on peut aussi la traiter d'abord par le bain *vieux*, surtout si elle ne demande qu'à être légèrement affaiblie.

Les tons bleus ou noirs, mais un peu froids, obtenus par ce moyen, conviennent surtout à certaines

---

(1) Ch'orure d'or acide :

Eau distillée,	600 grammes.
Chlorure d'or,	1 —
Acide chlorhydrique,	10 —

Il ne faut pas jeter la solution qui vient de dépouiller une épreuve ni la remettre dans le flacon qui contient le chlorure d'or *neuf*. On la conserve dans un flacon à part, et l'on s'en sert pour commencer à dépouiller une épreuve qui ne serait pas trop forte.

reproductions de nature morte, aux ruines, aux cloîtres, aux forêts, etc., et le photographe pourra amener exprès ses épreuves au vert-bronze métallique lorsqu'il aura besoin d'obtenir ces effets.

Quelques paysages du Midi, au contraire, les rochers, les fabriques, exigent des tons chauds, un peu rouges; il en est de même des académies. On peut avoir facilement ces tons en fixant les épreuves à l'ammoniaque (1), ou en mêlant au bain d'hyposulfite quelques grammes d'acétate de plomb dissous. Une épreuve fixée à l'hyposulfite de soude (bain neuf) et d'un ton roux sale, peut être ramenée aussi à un ton chaud et harmonieux par une immersion plus ou moins prolongée dans un bain de chlorure d'or alcalin (page 175).

(1)	Eau ordinaire,	100 grammes.
	Ammoniaque pure,	12 —

Lorsque l'épreuve a été mouillée dans l'eau ordinaire, on la met dans ce bain; elle rougit tout d'abord; quelques minutes après, on la plonge dans le bain d'hyposulfite de soude, où elle achève de se fixer. Ce bain préalable a pour but encore de donner des oppositions qui pourraient manquer à l'épreuve. Après le fixage et un bain d'eau de quelques heures, cette épreuve prendra dans le bain d'or alcalin un ton noir chaud des plus puissants et des plus harmonieux.

NOTE

De la dégradation partielle de l'image, ou du moyen de ramener à des tons plus harmonieux un positif heurté, et de donner à une épreuve des effets de lumière.

L'opérateur se voit assez souvent dans la nécessité de mettre au rebut un cliché qu'il regarderait comme excellent s'il ne manquait pas d'harmonie dans son ensemble ; les parties claires du modèle sont venues plus vite que les endroits moins éclairés où les couleurs peu actives se sont trouvées en retard. Personne n'ignore quelles épreuves positives donne un cliché de cette nature, dont les parties métallisées tamisent lentement la lumière pendant que les parties translucides la laissent pénétrer sans obstacles ; les lumières et les demi-teintes de l'image positive seront parfaites, et les ombres seront évidemment passées au vert-bronze métallique ; ce dernier ne disparaîtra pas au fixage.

Nous venons de voir (page 169) qu'une épreuve positive, passée à la nuance métallique, peut être ramenée à un ton convenable, et nous avons indiqué le moyen de parvenir à ce but en faisant usage du chlorure d'or acide. Voici maintenant ce qu'il faut faire pour dégrader partiellement une épreuve ou pour lui donner, selon les besoins, certaines lumières.

Malgré toutes les précautions prises, il peut arriver qu'un portrait, dont la figure est d'ailleurs parfaite, manque de détails dans les habits; qu'un paysage, complet dans ses lointains et dans ses fabriques, soit trop venu dans les masses de verdure; dans ce cas, il faut rétablir l'harmonie par le moyen suivant :

Au sortir du châssis-presse positif, mettez l'épreuve dans l'eau, lavez-la un instant, changez cette eau et n'en conservez dans la cuvette que 50 grammes environ, que vous rejetterez dans un angle en inclinant la bassine, afin de laisser l'image à découvert; trempez dans le chlorure d'or acide (page 169) un pinceau à lavis et passez-le rapidement sur la partie vert-bronze; ramenez de suite l'eau sur cet endroit, jetez cette eau; reprenez une quantité égale d'eau pure et répétez cette manœuvre sur toutes les parties métallisées, en ayant bien soin de ne pas laisser passer le chlorure d'or sur les parties claires de l'image, qu'il détruirait; lavez immédiatement après chacune de ces opérations, qui sont, il est vrai, assez délicates, mais qui n'offrent aucune difficulté sérieuse.

On peut ainsi dégrader les cheveux, par exemple, sur un portrait, sans endommager la figure. Un peu de pratique en apprendra plus, du reste, sur l'application de ce procédé, que tout un volume de conseils. L'opération terminée, on lave à grande eau, on met l'épreuve dans le bain d'hyposulfite et on la fixe (page 165).

C'est alors que l'opérateur pourrait croire son épreuve perdue; elle présente en effet deux tons si opposés, qu'il faudrait la rejeter s'il n'y avait pas de remède; voici comment on peut lui redonner l'harmonie nécessaire :

Nous savons que le chlorure d'or alcalin ramène à un ton très harmonieux les épreuves rousses fixées à l'hyposulfite, c'est ce chlorure que nous prendrons pour fondre les nuances de notre épreuve.

Quand donc, après le fixage, elle aura séjourné dans l'eau pendant deux heures, on la mettra dans la solution de chlorure d'or alcalin en la traitant comme il est dit (page 176), et l'on attendra qu'elle ait pris le ton violet-bleu ou le ton noir; on la remettra ensuite dans l'eau, etc. (page 165).

NOTE.

Après un quart d'heure de bain, l'épreuve, vue par transparence, offre un aspect poivré, comme si elle était recouverte de poivre en poudre. C'est le précipité métallique dont elle se débarrasse peu à peu sous l'action du bain fixateur que l'on voit encore dans le tissu du papier ; il est essentiel, pour que l'épreuve se conserve, que toute trace de chlorure d'argent ait disparu : on ne saurait fixer à l'avancé après combien de temps l'épreuve sera fixée ; ce temps dépend, en effet, de la quantité de chlorure d'argent déposé, de la force du bain fixateur, de celle du papier, etc. D'un autre côté, l'aspect général de l'épreuve ne fournit aucun signe extérieur auquel on puisse reconnaître que le fixage est complet.

Force est donc de regarder par transparence pour s'assurer du degré de fixation.

Quand la feuille paraît entièrement débarrassée de chlorure d'argent, laissez-la encore, pour plus de sûreté, dans le bain pendant dix minutes.

NOTE.

Nous avons dit que le bain d'hyposulfite *neuf*, ou à peu près, laissait aux épreuves un ton roux sale peu agréable : donnons le moyen de les faire passer à un ton plus harmonieux.

Préparez le bain suivant :

Dans un flacon d'un demi-litre mettez :

1re SOLUTION :

Eau distillée,	300 grammes.
Chlorure d'or,	1 —

Dans un flacon d'un litre mettez :

2° SOLUTION :

Eau distillée,	300 grammes.
Hyposulfite de soude,	4 —

Lorsque ces deux sels sont dissous, versez la première solution dans la seconde peu à peu et en agitant (1).

(1) Si l'on mettait la solution de soude dans celle d'or on ferait un précipité d'or ; l'opération serait manquée.

Ce bain, qui est, à peu de chose près, le même que celui dont on se sert pour fixer les images sur plaque métallique, mis dans une cuvette en quantité suffisante pour couvrir l'épreuve, la fera virer au noir, en passant par les teintes rouge, violette, bleue : le photographe pourra arrêter l'action du bain sur le ton qu'il jugera convenable.

Si cependant l'épreuve était mise dans ce bain immédiatement après celui d'hyposulfite, elle resterait d'un ton rouge, et le bain d'or ne vaudrait plus rien.

Pour obtenir un ton plus près du bleu noir, il faut laisser l'épreuve se dégorger du bain d'hyposulfite dans l'eau, pendant deux heures, avant de la soumettre au bain de chlorure d'or (1).

En hiver cette solution agit lentement ; pour en activer l'effet, on peut la chauffer à 30° ou 40° au bain-marie.

Ce bain s'affaiblit ou vieillit au bout de quelque temps ; on doit conserver à part la solution neuve et

(1) Il est des papiers mal collés ou encollés à la résine et à la gélatine, qui restent constamment rouges après un bain prolongé ; il en est de même des papiers salés du commerce, qui manquent de sel.

celle qui a déjà servi; cette dernière servira à commencer le virement des épreuves.

Nous insisterons principalement sur ce point : le lavage à grande eau et souvent renouvelée des épreuves, après les bains d'or ou d'hyposulfite. Nous ne laissons jamais moins de vingt heures, nos épreuves dans l'eau que nous avons soin de renouveler très souvent.

Il est évident que plus elles seront lavées et plus on pourra compter sur leur durée sans altération.

La durée d'une épreuve sera du reste assurée par l'emploi d'un bain fixateur au chlorure d'or alcalin. Nous donnons la préférence à notre nouveau mode de fixage par le chlorure d'or ammoniacal.

CHAPITRE XXIII.

DES ÉPREUVES POSITIVES

Obtenues par un procédé négatif.

Moyen de tirage très rapide, même pendant l'hiver, lorsque le temps ne permet pas d'exposer longtemps le châssis-presse, de crainte d'altérer le cliché.

Sérum de lait.

Manière de l'obtenir.

Dans un vase, et sur un feu couvert de cendres, mettez 1 litre de lait. Lorsque le lait commence à monter, versez dessus 10 c.c. d'acide acétique. Cet acide précipitera instantanément le caséum ; filtrez à travers un linge ; lorsque ce liquide sera refroidi, faites l'opération suivante :

Dans une capsule profonde, mettez un blanc d'œuf, versez peu à peu le liquide et battez, sans interruption, pendant quelques instants; remettez sur le feu; aux premiers bouillonnements l'albumine entraînera toutes les substances en suspension, et le liquide sera clarifié.

Ce litre de lait produira environ 250 grammes de liquide.

1re OPÉRATION.

Sur cette préparation, posez la feuille de papier du bon côté et laissez-la s'imprégner pendant quelques minutes; puis suspendez-la et laissez-la sécher. Ce papier, étant à l'abri de la poussière, conservera sa propriété pendant plus d'un mois.

2e OPÉRATION.

Faites un bain ainsi composé :

Azotate d'argent,	3 à 5 grammes.
Eau distillée,	100 —

Lorsque la solution est faite, ajoutez :

Acide acétique,	3 c. c.

Posez sur ce bain, une feuille ayant subi la première opération; 3 à 4 minutes suffisent à la formation de la couche sensible; suspendez-la alors, et laissez-la sécher à l'abri de toute lumière.

Pour faire l'épreuve positive, il suffit de mettre cette feuille en contact immédiat avec le négatif, et cela de la même manière que pour une feuille préparée au chlorure d'argent (page 162). Seulement, au lieu de quelques heures d'exposition qu'aurait exigées la feuille au chlorure, celle qui est préparée à l'iodure d'argent ne demande pas plus de 1 à 2 minutes; ce temps suffit aux rayons actiniques pour décomposer la couche sensible; et, si faible, si peu apparente que soit l'image, elle se complétera aux premières réactions chimiques de l'agent continuateur.

Après cette courte exposition, vous pouvez rentrer dans le laboratoire et procéder au développement de l'image.

MOYEN.

Vous avez fait dissoudre d'avance, de l'acide gallique saturé; filtrez cette solution; mettez-en quelques grammes sur une glace de niveau et placez-y la feuille impressionnée, l'image en dessous; ne laissez pas de bulles, l'image ne tardera pas à se montrer dans tout son développement. Quand elle sera complète, lavez-la à quatre ou cinq eaux.

On pourra donner à cette image un ton plus harmonieux, en la plongeant dans un bain de chlorure de platine ainsi composé :

Chlorure de platine,   1 gramme.
Eau.   2.000   —

Lorsque le ton désiré a été obtenu, lavez l'image et mettez-la dans un bain d'hyposulfite de soude à 6 pour cent, pendant une demi-heure à peu près (1); lavez (page 165), terminez les opérations comme pour la feuille au chlorure d'argent. Pendant les températures défavorables de l'automne et de l'hiver, alors précisément que les demandes se succèdent rapidement, nous employons volontiers ce moyen de tirage, qui est très expéditif et qui donne d'excellents résultats pour les tons et la durée des images.

Ce procédé, qui est une modification du procédé de M. Sutton, nous a été communiqué par M. Schlum-

______

(1) Si l'image est complétement fixée, elle sera, par cela même, entièrement dépouillée de tout iodure ; si quelques taches jaunâtres apparaissent, ce sera l'indice du contraire ; il faudra alors la laisser encore quelques minutes dans le bain fixateur.

berger, amateur habile, qui a su en tirer de véritables chefs-d'œuvre.

Il est bien entendu que toutes les opérations que
nous venons de décrire doivent être faites à la
clarté d'une lampe, excepté la première, qui, seule,
peut être faite en pleine lumière.

CHAPITRE XXIV.

ENCAUSTIQUE LUSTRÉE

de Clausel et Belloc.

L'épreuve positive vue dans l'eau a une bien belle apparence, et chacun a eu certainement le désir de lui conserver ce lustre humide qui lui donne tant d'éclat; mais, en séchant, la transparence et la vigueur disparaissent, et avec elles les détails, les finesses et tout le charme de la couleur.

L'on a employé avec quelque succès les vernis et le laminoir; et il faut bien le reconnaître, l'épreuve, vernie ou satinée, acquiert beaucoup plus d'éclat. Mais le vernis couvre l'épreuve d'une couche luisante, épaisse, pouvant jaunir avec le temps et faisant miroiter l'image d'une façon désagréable.

Le laminoir est préférable au vernis, et cependant

il donne un aspect dur à l'épreuve, en écrasant trop le grain du papier ; de plus, le laminoir est une lourde machine, et le portraitiste voyageur a dû y renoncer.

L'encaustique lustrée rend aux épreuves ce brillant si doux, si harmonieux, qu'elles ont perdu en séchant, et leur donne, en outre, une durée indéfinie sans altération.

Quatre années d'expérience nous ont appris que, même au contact de centaines d'autres épreuves enfermées dans un carton, les épreuves *encaustiquées* n'ont contracté aucune tache, pendant que les autres ont été maculées en plusieurs endroits ou ont sensiblement perdu.

Comment en serait-il autrement ! l'encaustique est un composé d'essence de lavande, d'essence de girofle et de cire vierge, tous éléments de conservation et de réduction. C'est encore à M. Humbert de Molard que nous devons l'addition d'essence de girofle, essence qui était la base de son encaustique à lui, car nous nous rappelons qu'il l'employait déjà en 1848.

FORMULE.

Dans un vase de terre vernissé, mettez :

Cire vierge,   100 grammes.

Lorsque la cire est fondue, retirez le vase du feu et ajoutez à ce liquide :

Essence de lavande,	100 c.c.
Essence de girofle,	25 c.c. (1)

Laissez précipiter les quelques impuretés qui sont en suspension, quelques secondes suffisent.

Prenez avec une cuiller le liquide supérieur et mettez en pot bien fermé ; abandonnez le dépôt.

Prenez avec un doigt un peu d'encaustique et étendez-la sur l'image, de manière à ce qu'il n'y en ait que juste pour couvrir le papier ; mettez-en également partout et égalisez la couche.

Procédez à un premier frottage avec un tampon de laine (étoffe mérinos, par exemple). Frottez de nouveau, en long et en large ; achevez de polir avec un tampon nouveau, en le manœuvrant assez vite pour obtenir un joli brillant ; si des peluches sont restées adhérentes au papier, frottez un peu plus fort, elles seront enlevées sous l'effet du frottage.

(1) Si un pot d'encaustique, par suite d'un usage trop prolongé, a perdu de sa qualité, c'est-à-dire si la pâte est trop consistante, s'il était par trop difficile de l'étendre avec le doigt, si par tout autre motif l'usage en devenait difficile, soit que la pâte fût trop ou trop peu compacte, on pourrait remettre le tout sur le fourneau et ajouter ou de la cire, ou de la lavande.

DU PAPIER POSITIF ET DES ÉPREUVES,

Catéchisme.

D. Tous les papiers, indistinctement, sont-ils également bons à être employés en photographie?

R. On peut obtenir sur un papier quelconque une épreuve positive, mais cette épreuve participera de la nature de ce papier qui lui sert de support; s'il est beau, si sa pâte est belle, fine et surtout homogène, l'image sera d'un grain fin et sans tache; aussi les fabricants de papiers font-ils un choix provenant de leurs meilleures cuves, dans le but de livrer au commerce un papier qu'on peut considérer comme exclusivement consacré à la photographie.

D. Quels sont les papiers les plus estimés?

R. Quelques fabricants ont eu le monopole de cette fourniture pendant les premières années de la photographie.

MM. Canson et Lacroix ont été, pendant un certain temps, les seuls fabricants de papier pour les photographes; depuis quatre ans, les papiers de Saxe, malgré leur prix élevé, sont à peu près les seuls employés, et notre patriotisme ne doit pas nous empêcher de reconnaître que le papier positif saxe est bien supérieur au papier français.

D. Y a-t-il quelques précautions à prendre pour couper le papier, et vaut-il mieux le couper de grandeur avant ou après les préparations?

R. Il est mieux de couper le papier de la grandeur du cliché avant de commencer les opérations, à moins, toutefois, que le cliché ne soit beaucoup plus petit que la normale; dans ce cas, on le préparerait de la grandeur double ou triple du cliché à copier, mais toujours avec la plus grande propreté, ne le touchant que par les angles, et avec des mains parfaitement lavées.

D. Si le sel employé n'est pas parfaitement pur, que peut-il arriver?

R. Le sel de cuisine est assez souvent sophistiqué, et si, dans cet état, on l'emploie à la première opération, il peut laisser sur le papier une multitude de petits cristaux blancs insolubles qui adhèrent à la feuille, détériorent le cliché, s'il n'est pas verni, et se traduisent sur l'épreuve positive par autant de petites taches blanches.

D. Le temps employé au bain des feuilles, pendant la première opération, doit-il être déterminé rigoureusement?

R. Par les temps chauds, on met successivement jusqu'à dix feuilles dans le bain; et lorsque la dernière y a séjourné environ trente secondes, on peut enlever le paquet par un angle, entre deux morceaux de papier buvard, et le piquer à une planche jusqu'à siccité complète; en hiver, il faut baigner cinq feuilles, tout au plus, le paquet de dix sécherait trop difficilement.

D. Ce papier se conserve-t-il longtemps sans altération?

R. Après plusieurs mois de sa première préparation, il est aussi bon que le premier jour.

D. Peut-on faire la deuxième opération dans un laboratoire peu éclairé, mais qui ne serait pas complétement privé de lumière naturelle?

R. Si l'on doit employer le papier le même jour, on peut, sans inconvénient, opérer dans un laboratoire faiblement éclairé, le papier au chlorure d'argent n'étant pas si impressionnable que celui à l'iodure; mais si ce papier doit être gardé un ou deux jours, il est prudent de faire cette opération pendant la nuit ou dans l'obscurité absolue, et de renfermer le papier préparé, dans un carton, à l'abri de toute lumière.

D. Peut-on se servir d'une feuille qui, préparée depuis longtemps, aurait fini par contracter une couleur fauve ou légèrement violacée?

R. Si le négatif destiné à cette feuille est heurté, cette couleur pourra peut-être donner une image positive moins crue, plus acceptable. Mais ordinairement, cette teinte persistant, même après le fixage, nuira toujours aux lumières et au modelé.

D. Nous avons vu des feuilles positives qui, malgré une insolation assez prolongée, ne prenaient jamais le ton vert bronze qui caractérise le métal oxydé : la feuille restait toujours d'un ton violacé ; il y avait même des lacunes ; d'où cela provenait-il ?...

R. Si une feuille de papier non salé était placée sur une solution d'argent, cette feuille, mise en contact avec un négatif, ne donnerait jamais une épreuve positive satisfaisante. Le papier, qu'elle que fût d'ailleurs la durée de l'exposition à la lumière, n'acquerrait pas une teinte au-delà du ton violet ; et, au fixage, l'épreuve disparaîtrait. Il en serait de même si la feuille *salée* était mise sur un bain trop faible, ou si elle ne restait pas assez longtemps sur une solution relativement forte. Enfin il y aurait des lacunes de préparation, des solutions de continuité, si l'on posait la feuille sur le bain, sans prendre les précautions indiquées.

D. Si l'épreuve est retirée trop faible du châssis, y a-t-il quelque moyen de la renforcer?

R. Le moyen est facile et sûr, si l'épreuve n'est qu'un peu *faible*; mais si elle l'est par trop, il faut renoncer à la fixer. Le moyen de renforcer une image positive un peu faible consiste à accélérer le séchage de la feuille, par l'action d'un feu assez vif, au lieu de la laisser sécher naturellement.

D. Quel est le meilleur moyen de fixage de l'épreuve positive.

R. Lorsqu'une épreuve est bien à *point*, voici le meilleur procédé à suivre, celui qui donne à la fois le plus de garantie pour la solidité de l'épreuve et les tons les plus harmonieux.

Mettez dans une cuvette plate :

Sel double d'or et de soude,	70 c. c. (1)
Ammoniaque pure.	3 c. c.

(1) Cette faible quantité est suffisante pour les épreuves 18-{-

Le mélange opéré, plongez-y l'épreuve et agitez la cuvette pendant une ou deux minutes, puis mettez-la dans l'eau pendant encore quelques instants, rincez-la. Il est plus que probable qu'un bain prolongé dans le chlorure d'or ammoniacal, amènerait l'entier dégagement du chlorure libre et le fixage complet ; mais nous aimons mieux continuer l'opération en faisant subir à l'épreuve un léger bain d'hyposulfite de soude ;—cinq à six minutes suffisent. Nous continuons les opérations de lavage décrit plus haut ; le bain de chlorure d'or ammoniacal donnera les tons les plus variés et les plus harmonieux; un simple excès de l'un ou de l'autre liquide suffit à une modification de ton.

24.— Il serait inutile de faire le mélange dans de plus grandes proportions; mis dans une cuvette plate de grandeur normale, il pourra servir à fixer 6 ou 7 épreuves. Alors le mélange commence à se troubler; jetez cette solution et renouvelez-la. Du reste, quoique ce mode de fixage soit un peu dispendieux et quelque grande que puisse être relativement l'économie réalisée par les autres moyens, les résultats obtenus par le chlorure d'or ammoniacal, sont si supérieurs, que nous n'hésitons pas à fixer toutes nos épreuves par ce procédé. Il est bien entendu que l'on doit avoir au moins six épreuves faites avant de commencer; sans cette précaution, le virage d'une épreuve serait encore plus onéreux.

Excès d'ammoniaque, soit 10 c. c. p. 100 c. c. de sel d'or, ton rouge.

Excès de sel d'or, soit 100 c. c. pour 2 c. c. d'ammoniaque. ton bleu-violet, etc., etc.

Quand la solution commence à se troubler, il faut en faire une nouvelle , car elle donnerait à l'épreuve un ton jaune sale sulfuré, et pourrait même la perdre entièrement (1).

D. Le papier français est-il aussi impressionnable que le papier allemand ?

R. Cette question semble facile à résoudre , et

(1) Il n'est peut-être pas inutile, à propos de ce genre de fixage, qui compromet quelque peu la blancheur des mains, d'indiquer un agent chimique qui ne peut nuire à la santé et qui enlève parfaitement les taches de nitrate d'argent et de chlorure d'or. Servez-vous d'une écaille de potasse caustique comme d'un savon, sans craindre de vous brûler; après une légère saponification produite par les corps gras de la main , lavez un peu et raclez les taches avec l'ongle, l'épiderme sera enlevée et vous ferez peau neuve. Si cette friction n'est pas trop prolongée, la peau n'en souffrira pas; dans le cas où la peau serait trop fine ou trop sensible, il pourra en résulter une légère brûlure ; mais la main d'un opérateur n'a rien à redouter de semblable, et, dans tous les cas, cette substance est beaucoup moins dangereuse que le cyanure de potassium.

plus d'un opérateur y répondrait affirmativement. Il est évident que leurs qualités devraient être égales, et leur impressionnabilité identique, s'ils contenaient la même quantité de chlorure d'argent; mais il résulte de nos nombreuses expériences, que les papiers de diverses provenances possèdent divers degrés d'impressionnabilité. Le papier Canson et le papier Saxe sont, à cet égard, aux extrémités opposées. Le papier Saxe, à préparation égale, acquiert une sensibilité dix fois plus grande que l'autre. Le premier s'impressionne avec une telle lenteur, qu'il laisse à l'épreuve une couleur terreuse, désagréable, qui résiste à tous les réactifs chimiques.

D. Les papiers anglais ont-ils une supériorité réelle sur les autres?

R. Parmi les papiers anglais, il en est un qui a joui de la plus haute réputation, c'est le papier Watmann; mais il a été si vite épuisé, que nous croyons qu'il serait bien difficile aujourd'hui de s'en procurer une seule feuille. Il y a encore à Londres un papier qui mériterait peut-être qu'on le préférât à tous les autres, s'il ne péchait par l'encollage, ce qui, pour nous, est un défaut capital; c'est le papier Turner. Il est d'ailleurs d'une pâte blanche, homogène, exempte de sels de zinc et de fer; il est fin, quoique peu satiné. Ce papier serait vraiment parfait, sans l'inconvénient que nous venons de signaler. Celui que nous avons employé était toujours trop ou trop peu encollé. Dans le premier cas, il prenait très difficilement le chlorure d'argent; dans le second, il perdait son encollage dans les bains d'argent qu'il rougissait bientôt et qu'il mettait presque hors de service. Ceci est d'autant plus fâcheux, que nul autre peut-être n'est capable de donner à l'épreuve un ton plus riche et plus velouté. Nous avons même certains clichés qui ne donnent d'épreuves remarquables, que sur ce papier. — Le papier Green est encore un très bon papier anglais; mais comme il est de petit format, et que le fabricant a eu la délicate et ingénieuse idée d'imprimer dans la pâte, et au beau milieu de chaque feuille, son nom et son adresse en caractères gigantesques, il est impossible de l'employer pour les épreuves au-dessus de la normale.

D. Peut-on laisser longtemps et sans inconvénient, l'épreuve dans le bain fixateur?

R. Si l'épreuve est à *point* au sortir du châssis-presse, si même elle est un peu vigoureuse, on peut impunément l'y laisser séjourner deux ou trois fois plus de temps qu'il n'est besoin; mais un séjour pro-

longé serait dangereux pour l'épreuve, si elle était
faible. Aussitôt que le poivré a disparu, il faut la retirer du bain, sinon l'hyposulfite enlèverait à chaque
instant quelque parcelle de cette demi-teinte si favo-
rable aux effets de ronde-bosse, de telle sorte qu'une
épreuve qui eût été tout au moins supportable, deviendrait très faible si elle n'était pas même totalement perdue. Si l'épreuve est vigoureuse, cette demi-
teinte ne disparaîtra pas complétement, mais les lumières augmenteront à ses dépens et deviendront
même d'une teinte jaune-verdâtre, pour arriver enfin
à des tons peu harmonieux ; les noirs, de leur côté,
prendront plus de vigueur encore ; ce qui achè-
vera de donner à l'épreuve un contraste dur et tranché des plus désagréables.

D. Y a-t-il quelques précautions particulières à
prendre quand l'air est chargé d'humidité, pour que
le négatif, lorsqu'il n'est pas verni, ne s'altère ou ne
se perde pendant un contact prolongé avec le papier positif ?

R. La meilleure précaution est de faire chauffer
assez fortement le cliché auprès d'un feu de braise,
du côté du collodion. — Le papier, sur cette surface
échauffée, perdra non seulement l'humidité dont
il pourrait être imprégné, mais il sera même à

l'abri de celle de l'air, durant toute l'exposition du châssis à la lumière, quelle que soit la durée de cette exposition.

D. A quel signe reconnaît-on que l'image est à point ?

R. En tenant compte d'une légère dégradation de ton que l'agent fixateur fait toujours subir à l'épreuve positive, on peut être sûr de l'amener à point ; on sait quelle était la couleur du modèle ; si donc, par négligence ou par une cause quelconque, on a laissé dépasser le ton de l'épreuve, nous avons vu qu'au moyen du chlorure d'or acide on peut facilement la ramener au ton voulu.

D. Est-ce que la seule propriété du chlorure d'or acide est de dégrader l'épreuve ?

R. Outre cette propriété, qui pourrait devenir tout à fait destructive si l'on ne surveillait attentivement l'épreuve en voie de dégradation, il a aussi celle de donner un ton noir très fin et tirant même sur le vert. Or, comme ce ton est fort peu harmonieux, il est indispensable, alors qu'il se produit, de baigner cette épreuve dans le chlorure d'or ammoniacal pour en réchauffer la couleur.

D. Vous avez dit qu'il fallait regarder l'épreuve par transparence pour s'assurer si le chlorure d'argent, resté libre, était complétement dissous par l'hyposulfite de soude; mais si l'on oubliait cette recommandation, et qu'il restât quelques traces de chlorure dans la pâte du papier, ne pourrait-on les faire disparaître en remettant, plus tard, la feuille dans le bain fixateur ?

R. Si l'on s'apercevait assez tôt d'un fixage incomplet, c'est-à-dire, après une ou deux minutes d'immersion dans l'eau, de la présence dans la pâte du papier de ce que nous avons appelé du *poivré*, il serait temps encore de remettre l'épreuve dans le bain d'hyposulfite, mais, quelques minutes plus tard, le poivré persisterait et l'épreuve serait totalement perdue.

D. Qu'entend-on par *ficelles*, en terme d'atelier, et par rapport au sujet qui nous occupe?

R. Les *ficelles* sont des petits moyens ingénieux qu'on emploie au besoin pour arriver à des résultats satisfaisants, avec des matériaux incomplets. — L'emploi du chlorure d'or acide pour dégrader une partie de l'image trop venue, est justement un de ces moyens-là.

D. Si le cliché, au lieu d'être heurté, est trop également éclairé, n'y a-t-il pas un moyen, une *ficelle*, pour remédier à cet inconvénient?

R. Si le cliché est d'une grande uniformité de ton, si les deux côtés de la figure sont également éclairés, le positif sera sans valeur. — Un petit carton de la grandeur de la joue à préserver, attaché à un fil de fer et promené sur cette joue pendant que le positif est en voie de formation, arrêtera l'action lumineuse : cette partie préservée restera plus claire que l'autre et donnera à l'image le relief qui lui manquait.

D. Les différents bains virateurs, indiqués précédemment, sont-ils toujours et infailliblement efficaces pour obtenir le ton voulu, ou du moins un ton suffisamment harmonieux?

R. Si mauvais que soit le papier, quelle qu'en soit la provenance, qu'il soit français, anglais ou allemand, l'épreuve prendra *toujours* un ton harmonieux dans les sels d'or, alcalins, acides ou ammoniacaux, *si le papier est assez salé* et s'il est resté assez de temps sur le bain d'argent, c'est-à-dire si sur une quantité suffisante de chlorure d'argent, une quantité plus grande encore d'azotate d'argent est venue se déposer. Nous avons dit, il y a déjà plusieurs années, contrairement à tout ce qui avait été écrit jusqu'alors, que, pour obtenir des épreuves remarquables, aptes à retenir les sels d'or et à prendre sous leur influence, des teintes aussi brillantes que durables, la feuille devait rester au moins cinq minutes sur le bain d'argent.

A l'exception du papier Saxe, petit format, qui est solidement collé et très fort, du papier Turner et du papier albuminé, tous les papiers suffisamment salés doivent, en cinq minutes, et sur un bain de 15 à 20 pour cent, se charger d'une assez grande quantité d'azotate pour que l'épreuve puisse acquérir, dans les bains de virage et de fixage, un ton, une dorure, une profondeur qui la rendent presque stéréoscopique, et qui contribuent en même temps à la rendre inaltérable.

D. Quel est le meilleur des modes de lavage?

R. Le meilleur serait celui qui permettrait de déposer les épreuves dans une caisse trouée et de les exposer ainsi au courant d'une rivière; mais ce moyen n'est pas à la portée de tous les opérateurs, et, à cet égard, chacun doit s'ingénier à tirer le meilleur parti des moyens qu'il aura à sa disposition. Celui-ci se tirera d'affaire avec une auge au-dessous d'un robinet de pompe; celui-là emploiera une grande ou plusieurs cuvettes, etc., etc. Mais tous auront à se préoccuper de ce principe, que plus l'épreuve aura été lavée et plus elle résistera aux diverses influences atmosphériques; et plus elle sera inaltérable.

D. Si, par suite de la différence que présente l'épreuve vue dans l'eau, et l'épreuve séchée, ou par tout autre motif, l'opérateur a fait une épreuve trop blanche ou l'a tenue trop noire, n'y a-t-il pas un moyen d'y remédier?

R. Lorsqu'une épreuve est trop faible, il faut, après l'avoir essorée dans du papier buvard, la faire sécher rapidement devant un feu de braise, qui lui donnera un beau ton rouge très vigoureux.

Dans le cas contraire, on peut la soumettre à deux ou trois lavages à l'eau bouillante; elle s'affaiblira graduellement. Mais si le ton était par trop vigoureux, on devrait la mouiller d'abord; puis, la dégrader avec le chlorure d'or acide, la laver encore, et enfin la remettre dans une eau ammoniacale de 30 pour cent environ, pour lui enlever le ton verdâtre produit par le bain de chlorure d'or; après quoi, il faudrait la soumettre à de nouveaux lavages à l'eau, etc.

VERNIS ROSE.

CHAPITRE XXV.

Depuis plus d'un an nous expérimentons constamment sur les vernis de différentes couleurs, pour venir en aide à l'opérateur, qui, malgré tous ses soins, ne parvient pas toujours, dans les diverses opérations, à fixer les tons qu'il poursuit, et qui lui sont indispensables pour la vente de ses produits.

On obtient assez communément des résultats médiocres, dus ou à un tirage incomplet, ou à un mauvais fixage; il arrive que l'épreuve étant heurtée, blafarde ou d'un ton cru, on voudrait la réchauffer, en ajoutant au blanc une couleur harmonieuse qui pût ne pas nuire à l'intensité des noirs. Nous croyons être agréable à nos lecteurs en leur recommandant à ce sujet le vernis rose. Ce vernis doit presque toujours être modifié avec du vernis orange et de l'alcool. Voici le moyen de l'employer :

Mettez dans une capsule plate en porcelaine :

Vernis rose,   100 c. c. (1) | En proportionnant les doses
Vernis orange,   1 c. c. | A la carnation plus ou
Alcool,   25 c. c. | moins bistrée du modèle.

Posez l'épreuve sèche sur ce vernis de la même manière que le papier sur le bain d'argent ; retirez-la immédiatement, suspendez-la par un angle, elle séchera en quatre ou cinq minutes, et si le ton n'est ni trop rose, ni trop jaune, ce que la pratique vous indiquera, l'épreuve prendra un ton chaud de la plus grande beauté. C'est surtout dans le cas d'une épreuve trop venue, d'un ton verdâtre, et dégradée par le chlorure d'or acide, que l'opérateur pourra apprécier tous les avantages de ce vernis. Grâce à lui, cette épreuve montée, satinée, encaustiquée, ne laissera rien à désirer et sera même incontestablement mieux fixée que toute autre.

(1) Ce vernis se trouve dans notre laboratoire, ainsi que le vernis noir et le vernis blanc pour les positifs directs et pour les négatifs.

CHAPITRE XXVI.

Emarger, monter, satiner l'épreuve.

Les épreuves qui sont livrées sans passe-partout, doivent être émargées et collées sur carton bristol. — Lorsque l'on a un grand nombre d'épreuves à faire, il est bon d'avoir des calibres en glace de deux ou trois grandeurs (1), une équerre en glace et une grande feuille de verre double dépoli, sur laquelle on coupe l'épreuve, et en général tout le papier photographique. — Pour bien coller une épreuve, on se servira de colle d'amidon, fraîchement faite, ou,

----

(1) Sur demande, nous expédierons ces calibres suivant les grandeurs : 1/1, 1/2, 1/4, Stéréoscopes, etc.

ce qui vaut peut-être mieux encore, de colle de gomme dissoute à froid ; on couchera l'épreuve sur une feuille de papier buvard , puis on passera sur l'envers, avec une *éponge fine*, et non pas avec un pinceau , le moins de colle possible; après quoi on la placera sur un carton bristol, on la couvrira d'une feuille de même nature et on la soumettra ainsi au cylindre, à une faible pression, de la presse à satiner. Après le retour, on enlèvera le bristol de dessus, on retournera l'épreuve, on la couchera sur la plaque couverte du bristol protecteur, et l'on satinera par une pression plus forte du cylindre. Plus on rapprochera les deux cylindres , plus le satinage sera complet. L'épreuve aura alors un lustre que l'encaustique viendra perfectionner.

CHAPITRE XXVII.

Encaustiquer l'épreuve.

Après l'opération du satinage, l'épreuve est certainement très présentable ; mais l'encaustique peut l'améliorer encore, et de beaucoup ; grâce à son lustre, les derniers réduits ombrés de l'épreuve deviendront visibles ; les ombres seront transparentes, les demi-teintes se réchaufferont, et les lumières seront éclatantes.

Si l'épreuve est destinée à un album, enfermez-la encore humide dans un stirator ; lorsqu'elle est sèche et tendue, ou bien, collée sur un bristol, satinée ou non satinée, prenez avec un doigt, un peu d'encaustique et étendez-la sur l'image de manière à ce qu'il n'y en ait que juste pour couvrir le papier ; mettez-en également partout et égalisez la couche.

Procédez à un premier frottage avec un tampon

de laine (étoffe mérinos, par exemple). Laissez sécher un instant; frottez de nouveau, en long et en
large; enfin, achevez de polir avec un tampon nouveau, en le manœuvrant assez vite pour obtenir un
joli brillant; si des peluches étaient restées adhérentes au papier, frottez un peu plus fort, elles seront enlevées sous l'effet du frottage.

ÉLÉMENTS DE CHIMIE

APPLIQUÉE A LA PHOTOGRAPHIE.

ÉLÉMENTS DE CHIMIE

APPLIQUÉE A LA PHOTOGRAPHIE.

Les chimistes divisent les corps en *corps simples* et en *corps composés*. Les corps composés sont ceux dont on peut extraire plusieurs substances, différant entre elles par leurs propriétés et différant aussi de la substance primitive.

Tel est le chlorure de sodium (sel de cuisine) (*corps composé*), qui peut être décomposé en chlore et en sodium (*corps simples*), tandis que le chlore et le sodium ne peuvent être séparés en d'autres principes.

Les corps se présentent à nous sous trois états

différents : l'*état solide*, l'*état liquide* et l'*état ga-
seux;* presque tous peuvent être obtenus sous ces
trois états. L'eau, par exemple, qui est liquide (*eau*)
à la température ordinaire, se réduit à l'état solide (*glace*) par les grands froids, pendant qu'à une
haute température elle passe à l'état de gaz (*vapeur*).

On distingue, parmi les corps composés, des *acides*, des *bases* et des *sels*.

On comprend sous la dénomination générale d'*a-
cides* les corps qui rougissent la teinture bleue de
tournesol, ou qui se combinent avec d'autres corps
de nature *basique* bien constatée.

On appelle *bases* les corps qui ramènent au bleu
le tournesol rougi, ou qui peuvent se combiner avec
des *acides*.

Les *sels* résultent de la *combinaison* des *acides* avec
des *bases*.

Des sels peuvent aussi prendre naissance lors de
la *combinaison* de deux corps simples. L'*or* et le
chlore produisent, en se combinant, du *chlorure
d'or* (sel).

Deux ou plusieurs corps réunis ensemble, mais
gardant chacun ses propriétés primitives constituent
un *mélange*.

Les corps, dont la réunion détruit, altère ou

change les propriétés, constituent, en s'associant, de véritables *combinaisons*.

On peut considérer principalement comme *bases* salifiables tous les alcalis, les terres, les oxydes, etc.

L'*acide* hyposulfureux combiné avec la soude (*base*) donnera naissance à l'hyposulfite de soude (*sel*).

Lorsque deux sels se combinent entre eux et forment des composés plus complexes, l'on donne à ces composés le nom de *sels doubles*.

Ainsi, le chlorure d'or combiné avec l'hyposulfite de soude, pour former la solution employée au fixage des épreuves sur doublé d'argent, peut prendre le nom de *sel double d'or et de soude*.

Les dissolvants employés en photographie sont principalement l'*eau*, l'*alcool*, l'*éther*. Ces dissolvants ont plus ou moins d'action sur les corps, et ils n'exercent pas tous une action identique sur la même substance. Leur activité dépend beaucoup de leur degré de température. Certains sels sont insolubles dans l'éther ou l'alcool anhydre, tandis que l'eau en dissout une proportion considérable : tel est l'iodure de potassium.

L'iode, au contraire, fort peu soluble dans l'eau, se dissout parfaitement dans l'alcool.

Un liquide *anhydre* ou *absolu* est celui qui ne contient pas d'eau : celui qui en contient, mais en petite quantité (un seul *équivalent*), est dit *monohydraté*; enfin, on donne le nom de *hydraté* à un corps qui contient beaucoup d'eau. On appelle anhydre la chaux vive, tandis que le lait de chaux, ou la chaux éteinte, prend le nom de chaux hydratée.

Les expressions : alcool à 32°, à 36°, à 40°, etc., indiquent diverses espèces d'alcool hydraté, étudiées à l'aide du *pèse-liqueur de Cartier*, dont le 0° correspond à l'eau pure, et le 44° à l'alcool absolu.

On dit qu'un sel est *hygrométrique*, lorsqu'il s'empare facilement de l'humidité de l'air : tel est le chlorure de sodium. Le chlorure d'or est un sel *déliquescent* par excellence, car il ne peut être exposé au contact de l'air humide sans qu'il absorbe assez d'eau pour se transformer en liquide.

Le mot *efflorescent* est diamétralement opposé au mot *déliquescent*, et sert à désigner un sel dont les cristaux exposés à l'air perdent de l'eau au lieu d'en prendre, de telle sorte qu'au bout d'un certain temps ils se divisent et tombent en poussière.

Une dissolution est dite aqueuse, alcoolique, éthérée, suivant la nature du corps liquide employé pour l'obtenir.

Un liquide est *concentré*, lorsqu'il contient une grande quantité de sel.

Il est *saturé*, lorsqu'il ne peut plus dissoudre de ce même sel, et qu'il en reste un léger dépôt au fond du vase.

Nous avons dit que les dissolvants avaient un pouvoir plus ou moins énergique sur certains corps ; il en résulte que tous ne dissolvent pas les mêmes quantités de ces corps. Nous devons ajouter que, pour changer un liquide en saturation complète, il faut un certain temps, qui varie suivant la température et l'énergie du corps dissolvant (1).

La *dissolution*, la *saturation* et la *concentration* des corps sont presque, dans tous les cas, nécessaires pour obtenir la *cristallisation*.

Lorsqu'un corps passe lentement de l'état liquide ou gazeux à l'état solide, il est souvent susceptible de prendre des formes régulières qui reçoivent le nom de *cristaux*.

---

(1) L'iodure de potassium étant un sel insoluble dans l'alcool anhydre, il faudra, pour obtenir la solution alcoolique saturée d'iodure de potassium, employer l'alcool à 36° et prendre la précaution de porphyriser l'iodure dans un mortier de verre ou de porcelaine ; il faut surtout faire cette saturation à froid et au moins quelques heures avant de s'en servir.

Les mots *dissolution, solution*, désignent l'état d'un corps solide tenu à l'état liquide au moyen d'un *dissolvant*.

Décanter, c'est l'action de séparer un liquide du dépôt formé au fond du vase, en versant le liquide avec précaution ou en le soutirant au moyen d'une pipette. Ce petit instrument est surtout indispensable pour puiser le chlorure d'or destiné au fixage des plaques daguerriennes, et le séparer ainsi d'un petit dépôt pulvérulent qui ne manquerait pas de piquer les épreuves. On ne peut filtrer cette solution, ainsi que bien d'autres, qui laisseraient leur sel dans le filtre. Dans bien des cas, au contraire, il vaut beaucoup mieux filtrer. Le collodion doit être filtré avec soin.

Il faut que le filtre soit pointu et entièrement enfoncé dans l'entonnoir. On doit le faire avec du papier blanc et propre (papier Berzélius) (1).

On appelle *précipité* la matière insoluble qui tombe au fond du vase dans lequel on fait réagir l'une sur l'autre des matières en dissolution. Le chlorure de

______

(1) Ce papier étant d'un prix trop élevé pour les usages ordinaires de la photographie, on peut le remplacer par les filtres gris ronds du commerce.

sodium *précipite* une solution d'argent et donne naissance à du chlorure d'argent.

La *réduction métallique* est le passage des combinaisons métalliques à l'état de métaux par voie de *décomposition*.

Le mot *décomposition* indique l'action par laquelle un composé est réduit en ses éléments.

Le *chlorure d'argent*, exposé à la lumière, se *décompose*; le *chlore* s'en va, l'*argent* reste sous la forme d'une poudre métallique noirâtre.

Nous voyons par là que la lumière peut décomposer certains corps. La photographie n'a d'autre base que cette propriété des rayons lumineux.

Les oxydes d'argent et d'or, frappés par la lumière, abandonnent l'oxygène ; il en est de même de la plupart des sels de ces deux métaux qui se réduisent en présence de l'agent lumineux.

La réduction des composés d'or et d'argent marche bien plus vite en présence de l'eau et des matières organiques.

Nous nous sommes contenté de donner sommairement la définition de quelques termes de chimie pratique; nous allons continuer maintenant par un examen rapide des substances employées en photographie : il est impossible, il serait même inutile, d'aborder ici cette étude d'une façon complète ; elle exigerait des développements incompatibles avec les bornes d'un traité élémentaire.

Dans tout ce qui va suivre, nous nous sommes borné à décrire quelques propriétés spécifiques des substances employées en photographie, sans nous imposer d'autre règle que celle d'initier l'opérateur aux préparations nécessaires à son art, et de lui rendre faciles, les manipulations auxquelles nous avons dû et nous devons toujours des succès certains et non interrompus.

Pour éviter une rédaction trop savante, nous nous sommes souvent répété ; l'habitude de professer nous a fait apprécier tous les avantages de ce mode d'exposition : un élève ne se fâchera jamais d'une redite.

Nous osons assurer les plus grands succès à celui qui pratiquera rigoureusement nos principes, et nous offrons nos soins à ceux qui ne pourraient pas complétement réussir par ces moyens, bien persuadé qu'au bout de vingt-quatre heures ils seront passés maîtres.

Un laboratoire de chimie est joint à notre établissement, et un préparateur habile y fait un cours rapide, mais complet, de chimie expérimentale appliquée à la photographie. L'élève, en suivant ce cours, apprendra à préparer le coton-poudre, le collodion, le nitrate d'argent, etc., de manière à n'avoir plus besoin du secours de personne pour la fabrication des substances indispensables à l'exercice de la photographie.

Eau.

La première combinaison de l'hydrogène avec l'oxygène (le *protoxyde d'hydrogène*) n'est autre chose que l'eau.

L'eau pure est sans saveur ni odeur, elle est incolore; mais, sous une grande épaisseur, elle prend une nuance verdâtre très prononcée, et devient même complétement opaque. Nous avons vu qu'elle pouvait passer par les trois états : *gazeux*, *liquide* et *solide*; le zéro du thermomètre centigrade marque la température à laquelle l'eau passe de l'état solide à l'état liquide, le 100° indique la température à laquelle l'eau passe de l'état liquide à l'état gazeux, sous la pression moyenne de l'atmosphère.

L'eau la plus limpide, celle des rivières et des sources, n'est pas chimiquement pure; on peut aisément s'en assurer en la faisant évaporer dans une capsule; on trouvera toujours un résidu.

L'eau de pluie est de l'eau à peu près pure, et si l'on a soin de la recueillir sur un linge propre, elle peut remplacer l'eau distillée employée comme dissolvant dans les opérations chimiques. Mais il n'est pas toujours facile de recueillir de grandes quantités d'eau de pluie. En Espagne, en Italie, en Orient, il pleut bien moins souvent que chez nous, et l'eau distillée qu'on y vend n'a pas toujours les qualités de son nom; il en est souvent de même en province, où le photographe ne peut, même à des prix exorbitants, se procurer de l'eau chimiquement pure.

Il serait peut-être bon que, dans ces circonstances, l'opérateur fût muni d'un petit alambic, et qu'il distillât lui-même son eau. Un petit alambic est peu encombrant; rien n'est si facile que de distiller de l'eau, et quant à l'économie, elle serait immense. Nous ne parlons pas des résultats, qui seraient assurément des meilleurs.

L'alambic se compose d'une chaudière sur laquelle est adapté un couvercle en forme de cloche, terminé par un tuyau recourbé qui communique avec un serpentin; le serpentin est enfermé dans une cuve cylindrique, que l'on doit maintenir toujours pleine d'eau fraîche. L'extrémité du serpentin débouche, en dehors de la cuve, dans un récipient. Rien de plus simple que de chauffer la chaudière, de la maintenir pleine d'eau, ainsi que la cuve, et de recevoir dans un vase, l'eau distillée. Du reste, on ne saurait jamais trop le répéter, l'eau distillée est indispensable pour toutes les solutions, excepté pour celles d'hyposulfite de soude et d'or.

On peut reconnaître la pureté de l'eau distillée à son odeur d'abord, qui doit être nulle, si l'eau ne contient pas de substances étrangères, à sa transparence et à son action sur les dissolutions de nitrate d'argent et de chlorure de barium. Si ces deux sels, versés séparément dans deux échantillons de l'eau à essayer, déterminent un trouble, des nuages blancs ou des précipités, il faudra rejeter cette eau-là comme impropre aux opérations photographiques.

Alcool.

Esprit-de-vin.

L'alcool est le liquide qui se forme pendant la fermentation du vin et des liqueurs sucrées en général. On l'obtient en distillant du vin, de la bière, du sirop de betterave, etc., etc.

En appliquant convenablement les procédés de distillation, on obtient des produits plus ou moins riches en alcool. Enfin, en mettant l'alcool en contact avec des substances qui ont une grande affinité pour l'eau, la chaux vive, par exemple, et le soumettant de nouveau à la distillation, on obtient un alcool anhydre ou absolu.

Le *pèse-esprits de Cartier* ou l'*alcoolomètre* de Gay-Lussac servent à déterminer le degré de pureté ou d'hydratation des alcools du commerce.

Nous avons recommandé de faire dissoudre l'iodure de potassium dans l'alcool à 36°, parce que plus l'alcool est faible, plus il peut dissoudre d'iodure et introduire d'eau dans le collodion. La liqueur génératrice est d'autant plus active, qu'elle est plus iodurée, mais aussi y a-t-il plus à craindre de voir l'image pâteuse accuser imparfaitement les détails dans les ombres, ou bien de voir la couche de collodion se marbrer, ou même l'iodure d'argent se dissoudre dans le bain d'argent après s'être formé dans la pâte du collodion. Il est de la plus grande importance de n'employer que de l'alcool de vin : les alcools de fécule contiennent de l'acide malique ou sorbique et aussi des huiles empyreumatiques.

Éther sulfurique.

L'éther sulfurique est un liquide très fluide, incolore, d'une odeur vive et agréable, d'une saveur âcre et brûlante. On l'obtient en traitant l'alcool anhydre par de l'acide sulfurique concentré.

L'éther est très inflammable, il s'évapore rapidement à l'air, et peut, à cause de cette grande volatilité, produire, dans un endroit clos, des mélanges d'air et de vapeur éthérée, inflammables et détonnants.

L'éther agit vivement sur l'économie animale et produit quelquefois une espèce d'ivresse accompagnée d'insensibilité.

On a utilisé cette propriété curieuse de la vapeur d'éther pour procurer l'insensibilité aux personnes qui doivent être soumises à des opérations chirurgicales.

Plusieurs photographes ont pensé, quelques-uns même ont écrit, que l'action de collodionner les glaces était éminemment nuisible. Nous pouvons rassurer ceux qui se livrent à ce genre d'opérations, et leur dire que depuis cinq ans nous nous saturons de ces vapeurs sans en avoir jamais ressenti le moindre dérangement.

L'éther à 60°, sans addition d'alcool, doit dissoudre un ou deux pour cent de coton-poudre bien préparé; s'il n'en est point ainsi, c'est que le coton est mal préparé; dans ce cas, il faut additionner l'éther de quelques grammes d'alcool; le résultat que l'on obtient par ce mélange d'éther et de coton azotique constitue le collodion normal ou chimique.

Acide azotique.

Acide nitrique.

Plus communément connu sous le nom d'acide nitrique, à cause du sel de nitre dont on l'extrait, l'acide azotique résulte de la combinaison de l'oxygène avec l'azote.

On le prépare en chauffant de l'azotate de potasse (*nitre ou salpêtre*) avec de l'acide sulfurique concentré. L'acide azotique étant un acide plus volatil que l'acide sulfurique, celui-ci le chasse de sa combinaison, et on le voit passer à la distillation. Mélangé avec l'acide chlorhydrique, il constitue l'eau régale.

L'acide azotique dissout facilement l'argent ; aussi, dilué avec un volume égal d'eau, sert-il avec succès au lavage des glaces, pour enlever de leur surface toute réduction métallique. Nous recommandons aussi l'usage de l'eau acidulée avec l'acide azotique pour le lavage des cuvettes ; mais cet acide doit être exclu du bain d'hyposulfite de soude, avec lequel on avait suggéré de le mélanger en très petites doses, afin d'obtenir des tons plus noirs et plus harmonieux dans le fixage des épreuves positives.

Acide chlorhydrique.

Le chlore et l'hydrogène ne s'unissent qu'en une seule proportion ; le résultat de cette combinaison est l'acide chlorhydrique.

On prépare le gaz acide chlorhydrique en traitant le chlorure de sodium par l'acide sulfurique concentré.

Cet acide, à l'état de pureté, est un liquide blanc,

caustique, d'une odeur piquante très forte. Exposé à l'air, il répand des vapeurs blanches abondantes qui sont dues à la combinaison de l'acide avec la vapeur d'eau répandue dans l'air. Celui qu'on trouve dans le commerce est presque toujours impur ; il est coloré en jaune par un peu de perchlorure de fer.

L'acide chlorhydrique précipite en flocons blancs les solutions des sels d'argent ; ce précipité est du chlorure d'argent ; ajouté, même à faible dose, dans le bain d'hyposulfite de soude, pour fixer les épreuves positives, il les dégrade vite et détruit les demi-teintes ; son action se continue longtemps encore, après que les épreuves ont été retirées de ce bain ; son emploi compromet la durée de l'image.

Nous ne l'employons qu'à dose très faible, avant le fixage, et, combiné avec le chlorure d'or, encore, son action ne doit-elle être qu'instantanée.

M. Humbert de Molard a conseillé, pour le papier positif, le dépôt de chlorure d'argent, obtenu avec cet acide. La formule est la même que celle avec le chlorure de sodium. Mais le chlorure d'argent ainsi obtenu, a l'avantage de passer au noir par le moindre contact avec un sel de fer, et lorsque l'épreuve est faible, après le fixage et un lavage de quelques heures, on peut la ramener au noir par une immersion rapide dans une solution très étendue de sulfate de fer.

Nous avons dit que les couleurs les plus brillantes de la lumière se traduisaient en photographie par du noir; que le rouge, l'orangé, le jaune, étaient inactifs sur les substances sensibles. Il n'est peut-être pas sans intérêt de faire remarquer ce qui se passe lors de l'exposition à la lumière d'un mélange d'hydrogène et de chlore. Ces deux gaz, qui, associés à volumes égaux, constituent le gaz acide chlorhydrique, ne paraissent pas avoir d'action l'un sur l'autre quand on les mêle dans l'obscurité, mais, à la lumière diffuse, ils se combinent assez vite, et, à la lumière directe et vive, la combinaison est tellement instantanée, qu'elle s'annonce par une détonation.

Si ce mélange d'hydrogène et de chlore est porté successivement dans les diverses parties du spectre solaire obtenu par le prisme, on s'aperçoit que les rayons placés au delà de la zone rouge sont inactifs, tandis que ceux de la zone violette déterminent la combinaison des deux gaz. Dans toute position intermédiaire, la rapidité de la réaction est d'autant plus grande, que le mélange se trouve plus près du violet et plus loin du rouge.

Ceci nous prouve que la lumière colorée détermine, soit la combinaison du chlore avec un corps, soit sa séparation d'avec d'autres substances, suivant la place qu'elle occupe dans le spectre solaire et suivant la nature des corps mis en présence.

Eau régale.

On appelle ainsi un mélange d'acide chlorhydrique et d'acide azotique. Les alchimistes lui donnèrent ce nom, parce que ce mélange jouit de la propriété de dissoudre l'or, qu'ils regardaient comme le roi des métaux.

L'eau régale, faite avec un volume d'acide azotique et trois volumes d'acide chlorhydrique, sert à dissoudre l'or pur, et donne, après évaporation à siccité, un sel déliquescent qui n'est autre chose que le chlorure d'or.

Acide sulfurique.

Huile de vitriol.

L'acide sulfurique concentré est un des acides les plus énergiques que l'on connaisse. On l'emploie pour attaquer le nitre et en dégager l'acide azotique, quand on veut obtenir du coton fulminant. Il n'est pas hors de propos de recommander ici quelques précautions à prendre lorsqu'on fait du coton-poudre. Les vapeurs nitreuses qui s'exhalent pendant l'opération sont très délétères ; il faut donc, pour faire le coton-poudre, se placer dans un local bien aéré ou à l'air libre. Quelques gouttes d'eau qui viendraient à tomber sur l'acide sulfurique concentré pourraient le projeter hors du vase et blesser l'opérateur.

Azotate d'argent.

Nitrate d'argent.

L'argent se dissout facilement dans l'acide nitrique ou azotique; si l'on évapore la liqueur, l'azotate d'argent cristallise, anhydre, sous forme de lamelles incolores et brillantes.

Le nitrate d'argent retient souvent de l'acide azotique nuisible au plus haut degré à la formation des images négatives; l'azotate d'argent fondu est peut-être préférable en ce qu'il est à peu près débarrassé de toute acidité. Il est du reste assez facile de rendre neutre l'azotate d'argent par des cristallisations successives. Le nitrate d'argent, fondu en lingots, est connu sous le nom de *pierre infernale*, et sert, en chirurgie, comme cautérisateur.

Le nitrate d'argent est très soluble dans l'eau. Le sel commun, le sel ammoniac, l'acide chlorhydrique et presque tous les composés chlorés, précipitent sa solution et donnent du chlorure d'argent insoluble. Cette propriété a été mise à profit pour la préparation des papiers positifs.

Le chlorure d'argent est extrêmement sensible à l'action de la lumière, et passe à l'état métallique après une courte exposition aux rayons du soleil. Il est à peu près insoluble dans l'eau. L'acide chlorhydrique, l'alcali volatil, le cyanure de potassium, l'hyposulfite de soude, ont la propriété de le dissoudre.

Chlorure d'or.

En dissolvant de l'or pur dans l'eau régale, on obtient une dissolution jaune qui, abandonnée à une évaporation lente, dépose des cristaux orangés d'une combinaison de sesqui-chlorure d'or et d'acide chlorhydrique. Cette solution, entièrement évaporée, perd son excès d'acide, et il reste une masse cristallisée déliquescente qui se dissout facilement dans l'alcool et l'éther.

De tous les perfectionnements apportés au daguerréotype depuis sa naissance, le plus important, sans contredit, est l'application du chlorure d'or au fixage des épreuves, application que l'on doit à M. Fizeau.

On a cherché depuis à détrôner cette substance en lui substituant ce que l'on a appelé le *sel d'or*. Il n'est pas un opérateur, aujourd'hui, qui ne sache à quoi s'en tenir sur cette prétendue amélioration, et qui ne rende au chlorure d'or la préférence qu'il lui avait momentanément retirée.

Le chlorure d'or, acidulé par de l'acide chlorhydrique employé avant le fixage des positifs, et la solution de chlorure d'or et d'hyposulfite de soude (chlorure d'or basique) employée après le fixage, sont indispensables pour obtenir de beaux tons et des épreuves bien fixées. Ce même chlorure d'or basique, combiné à l'ammoniaque, donne un ton admirable aux épreuves.

Chlorure d'or liquide pour fixer les images daguerriennes.

Dans un flacon d'un demi-litre mettez :

1re SOLUTION :

Eau distillée,	500 grammes.
Chlorure d'or cristallisé,	1 —

Dans un flacon d'un litre mettez :

2e SOLUTION.

Eau distillée,	500 grammes.
Hyposulfite de soude,	4 —

Lorsque les deux sels seront dissous, versez la première solution dans la deuxième, peu à peu, et en agitant le mélange. Cette solution, qu'on doit appeler sel double d'or et de soude, peut être employée quelques heures après sa préparation. Si le mélange était fait en versant la deuxième solution dans la première, l'or serait précipité par l'hyposulfite, et le résultat serait complétement manqué.

Iode.

L'iode est solide à la température ordinaire ; il affecte la forme de paillettes d'un gris de fer foncé et d'un bel éclat métallique.

L'iode a une odeur pénétrante, désagréable ; ses vapeurs provoquent le larmoiement.

Il fut découvert en 1812 par Courtois.

On extrait l'iode des eaux-mères des salines, et aussi de l'iodure de sodium.

L'iode produit des vapeurs d'un violet très foncé ; leur emploi, en photographie, date de l'époque où Daguerre obtint ses premières épreuves. C'est l'iode qui est encore aujourd'hui le seul corps générateur de l'image photographique.

Il forme, avec le cyanure de potassium, une combinaison excellente pour enlever les taches de nitrate d'argent.

Brôme.

Le brôme est un corps simple, liquide à la température ordinaire ; sa couleur est d'un rouge brun très foncé : il a une odeur particulière très désagréable, et agit, même à l'état de vapeur, comme poison sur l'économie animale, en attaquant les organes de la respiration.

Il a été découvert en 1826 par M. Balard. On peut l'extraire du bromure de sodium.

Il a de grands rapports avec l'iode et le chlore. Le bromure d'argent est décomposé par la lumière. Le brôme accélère l'impression des plaques daguerriennes préalablement iodées.

Chlorure de sodium.

Le sodium, corps simple, ne forme avec le chlore, autre corps simple, qu'une seule combinaison : c'est le chlorure de sodium, sel ordinaire de cuisine, qui prend aussi les noms de sel marin et de sel gemme, à cause de sa double origine; les eaux de la mer en contiennent en effet une quantité énorme, et on le trouve aussi au sein de la terre en masse considérable, à l'instar des pierres précieuses ou gemmes naturelles.

Dans les temps humides, il enlève de l'eau à l'atmosphère, et se mouille, étant très hygrométrique,

propriété que n'a pas, à un si haut degré, le chlorhydrate d'ammoniaque, ce qui doit, en hiver surtout, faire donner la préférence à ce dernier sel,
pour la préparation des papiers positifs.

Le chlorure de sodium, ainsi que tous les chlorures, a la propriété de précipiter en flocons blancs
la solution aqueuse de nitrate d'argent.

Il est généralement employé en photographie pour
le bain salé; il n'a cependant sur les autres chlorures
qu'un seul avantage, celui d'être toujours et en tout
lieu sous la main de l'opérateur photographe.

Chlorhydrate d'ammoniaque.

Sel ammoniac.

Le chlorhydrate d'ammoniaque est un sel qui résulte de la combinaison de l'acide chlorydrique et
de l'ammoniaque. Les gaz chlorhydrique et ammoniac se combinent directement et volume à volume,
pour donner naissance à un composé solide.

L'on obtient la même combinaison en mêlant ensemble les dissolutions aqueuses des deux gaz; le sel
cristallise quand on évapore le liquide.

Ce sel a la propriété de précipiter le nitrate d'argent à l'état de chlorure, et doit être préféré au chlorure de sodium, beaucoup plus hygrométrique et presque toujours impur.

Le sel ammoniac donne aussi aux positifs un ton noir préférable.

Craie.

On nomme ainsi, dans les arts, des substances pierreuses blanches, tendres, employées comme crayons. On distingue deux espèces de matières crétacées : l'une, que l'on voit partout entre les mains des professeurs qui ont des signes ou des chiffres à tracer sur un tableau noir, l'autre qui sert aux tailleurs pour marquer des lignes sur les étoffes. Dans les classifications minéralogiques, ces substances ne sauraient être rapprochées, et la géologie les sépare encore davantage, en indiquant pour chacune d'elles une origine et un mode de formation qui n'ont rien de commun.

La première de ces substances est un carbonate de chaux terreux plus ou moins impur.

Après l'avoir pulvérisé, on en sépare le sable au moyen d'un lavage, et la craie ainsi lévigée prend dans le commerce le nom assez impropre de *blanc d'Espagne*. Meudon possède des fabriques spéciales de ce blanc, auquel on a aussi donné le nom de *blanc de Meudon*.

La craie des tailleurs d'habits est connue sous le nom vulgaire de *craie de Briançon*, parce qu'elle vient des environs de cette ville. Cette substance est un *talc steatite*. Réduite en poudre, cette craie prend le nom vulgaire de *poudre de savon*; les marchands de gants et les bottiers en font usage pour faciliter l'entrée de la main et du pied dans les gants et les chaussures.

C'est la première de ces deux espèces de craie qui sert en photographie pour le décapage des glaces. Un second lavage est indispensable pour la débarrasser du sable terreux qu'elle conserve encore, et qui rayerait infailliblement les glaces.

Cire vierge.

Tout le monde connaît cette substance et sait à peu près qu'elle se trouve dans les ruches d'abeilles, où elle constitue la matière des alvéoles. Lorsque le miel en est extrait, on fond le résidu dans l'eau bouillante, et le produit de cette fusion est de la cire jaune plus ou moins belle.

La cire brute est connue dans le commerce sous le nom de *cire jaune.*

La cire qu'on appelle *vierge* est blanche ; elle est le résultat de la purification et du blanchiment de la cire jaune.

La cire blanche sert à fabriquer des bougies, des cierges, des figures, des fleurs, des fruits, des pièces anatomiques ; elle sert aussi comme excipient des couleurs dans la peinture à l'encaustique ; elle forme la base d'un grand nombre de préparations pharmaceutiques, etc.; enfin, elle constitue l'élément principal de notre pâte encaustique pour lustrer les épreuves et les conserver.

Huile de lavande.

L'huile de lavande est extraite d'une plante de la famille des labiées ; elle peut être le produit de l'expression ou de la distillation. Il y a plusieurs qualités de lavande, et l'on en connaît principalement deux qui donnent deux huiles distinctes : l'huile d'aspic et l'huile de lavande.

L'huile de lavande est une des deux substances que l'on emploie à la fabrication de l'encaustique lustrée de Clausel et Belloc.

La belle essence de lavande est d'une couleur jaune, assez fluide, plus légère que l'eau, d'une odeur forte et pénétrante ; on la falsifie assez souvent en l'additionnant d'essence de térébenthine rectifiée.

Iodure de potassium.

On obtient ce sel en dissolvant de l'iode dans une solution concentrée de potasse, jusqu'à ce que la liqueur se colore par un excès d'iode. En évaporant à siccité la dissolution et en calcinant le résidu dans un creuset de platine, on a l'iodure de potassium pur ; il ne reste plus qu'à le redissoudre dans l'eau et à le faire cristalliser.

Si l'on verse une solution d'iodure de potassium dans une dissolution d'azotate d'argent, il se forme un précipité blanc-jaunâtre d'iodure d'argent (1).

(1) M. Humbert de Molard a le premier indiqué et mis en pratique l'iodyration directe par l'iodure d'argent ioduré soluble, appliqué directement.

Nous savons que l'iodure et le chlorure d'argent ont la propriété de noircir, même à la lumière diffuse. Cette propriété a été mise à profit par les photographes, qui en ont fait la base de leur art. Ainsi, soit que l'on opère sur albumine ou sur collodion, c'est toujours le même agent chimique, l'iodure associé à l'azotate d'argent qui forme la couche sensible où vient se peindre l'image négative.

L'iodure d'argent est insoluble dans l'eau, mais le cyanure de potassium, l'hyposulfite de soude et l'iodure de potassium le dissolvent facilement.

L'iode et le potassium forment trois combinaisons bien définies, savoir :

1° L'iodure de potassium, composé d'un équivalent d'iode et d'un équivalent de potassium ;

2° Le bi-iodure, composé d'un équivalent de potassium pour deux d'iode ;

3° Le tri-iodure, composé d'un équivalent de potassium et de trois équivalents d'iode.

L'iodure de potassium pur, *iodure potassique*, *hydriodate de potasse*, est blanc, sa saveur est âcre, il cristallise en cubes, il est déliquescent, très soluble dans l'eau (100 parties d'eau à + 18° en dissolvant

143 parties); il se dissout aussi dans l'alcool en diverses proportions, suivant que ce dernier contient plus ou moins d'eau. L'alcool de vin à 36°, le seul que nous puissions employer pour préparer la liqueur génératrice, dissout 4 grammes 80 centigrammes d'iodure de potassium, pour cent.

L'iodure de potassium du commerce est souvent impur, souvent même adultéré, et nous pensons que les photographes doivent à la mauvaise qualité de ce sel une bonne partie de leurs insuccès. L'iodure de potassium est le résultat du traitement en grand des soudes de varechs, aussi n'est-il guère possible d'en obtenir un produit aussi pur que celui qu'obtient le chimiste, dans son laboratoire. La cause du louche de certains collodions, qui laissaient précipiter une poudre blanche et produisaient finalement sur la couche du cliché une infinité de petits trous, est due à la préparation de l'iodure.

Un procédé excellent pour rendre l'iodure de potassium parfaitement pur et propre à composer la liqueur génératrice destinée au collodion, consiste à faire dissoudre ce sel dans de l'alcool de vin à 36°, à filtrer la liqueur, à la distiller et à la faire cristalliser de nouveau.

Iodhydrate ou hydriodate d'ammoniaque.

Iodure d'ammonium.

L'on prépare ce sel en mettant deux parties d'iode avec dix parties d'eau distillée dans un ballon de verre, et en ajoutant peu à peu une partie de limaille de fer.

Lorsque la combinaison s'est effectuée, on précipite le fer par une solution de carbonate d'ammoniaque, on filtre le liquide et on le fait cristalliser.

L'iodure d'ammoniaque est un sel peu fixe, et nous n'en conseillons guère l'emploi, à moins qu'il ne soit combiné avec l'iodure de potassium et le bromure de cadmium.

Acide acétique cristallisable.

Vinaigre radical.

L'acide acétique est doué d'une odeur acide spé-

ciale, forte et piquante ; mais qui n'est pas désagréable ; sa saveur est âcre et brûlante ; il est toujours combiné avec l'eau ; l'acide anhydre s'obtient
avec beaucoup de difficulté. Selon Berzélius, l'acide
acétique le plus concentré se compose de 85,11 d'a-
cide et de 14,89 d'eau ; mais cette faible quantité
d'eau ne nuit en rien à son action.

L'acide acétique est cristallisable à + 16° ; il entre
en fusion à cette température. Sa vapeur prend feu
au contact de la flamme. Étendu de huit fois son
poids d'eau, il peut remplacer le vinaigre employé à
nos usages ordinaires.

Le vinaigre n'est qu'une dissolution étendue d'a-
cide acétique, qui contient en outre les principes non
fermentescibles des liqueurs alcooliques qui lui ont
donné naissance. Si l'on se propose d'en retirer de
l'acide acétique pur, il faut avoir recours à la formation préalable d'acétates et à la décomposition de ces
sels par l'acide sulfurique, etc., etc. On le prépare
le plus ordinairement avec l'acide pyroligneux (*vinaigre de bois*), et on l'amène à un grand degré de
concentration par le refroidissement et les cristallisations successives.

L'important n'est pas ici de savoir par quel procédé l'acide acétique est amené à son maximum de concentration, il importe même peu qu'il soit très concentré ; mais ce qui est indispensable, c'est de savoir le faire entrer, suivant le besoin, en proportion plus ou moins grande dans la solution d'acide pyrogallique.

Plus d'un opérateur doit ses insuccès de chaque jour à l'emploi irréfléchi de cet acide.

On acidule aussi avec de l'acide acétique la solution de sulfate de fer, lorsqu'elle est employée comme agent révélateur.

Acide gallique.

On extrait l'acide gallique, par la macération dans l'eau, des noix de galle concassées, dont le tannin se trouve ainsi transformé en acide gallique, soluble dans l'alcool, qui le sépare des autres substances auxquelles il se trouvait associé. La noix de galle n'est pas un fruit, c'est une excroissance qui se forme sur les feuilles et les branches du chêne, et qui provient de la piqûre d'un insecte, au moment où il y dépose ses œufs. Cette noix est de la grosseur d'une noisette, et nous vient en grande quantité d'Alep, qui en fait un commerce considérable.

L'acide gallique se présente sous l'aspect de houppes soyeuses, blanches ; il est employé en photographie comme agent révélateur ; seul et en solution aqueuse saturée, il développe parfaitement l'image négative obtenue sur papier humide.

La même solution s'emploie comme agent préparateur sur albumine ; on fait paraître l'image avec une solution faible de nitrate d'argent, ou par un mélange d'acide gallique et de nitrate d'argent, aiguisé par quelques gouttes d'acide acétique (procédé Taupenot).

Acide pyrogallique.

Cet acide est le résultat de l'action de la chaleur sur l'acide gallique ; il est en petites houppes soyeuses blanches, d'un éclat vitreux.

C'est à M. Regnault, de l'Institut, que nous devons l'emploi de cet acide dans la photographie, qui en retire les plus grands avantages : il est d'une énergie remarquable comme agent révélateur, d'un emploi facile et d'un prix peu élevé.

Hyposulfite de soude.

Depuis la découverte de la photographie, ce sel a pris une grande importance ; il est, en effet, employé, à peu près exclusivement, pour dissoudre les iodures et les chlorures d'argent impressionnables et restés inaltérés après leur exposition à la lumière. Quoiqu'il ne soit pas le seul agent chimique qui jouisse de cette propriété dissolvante, il n'en a pas moins prévalu sur tous les autres, et il faut avouer qu'il a mérité cette préférence.

L'action de l'hyposulfite de soude sur l'épreuve positive se fait sentir visiblement dès le premier quart-d'heure ; si l'on regarde le papier par transparence, on le voit alors piqueté de noir, à cause d'un précipité métallique disparaissant à mesure que l'action dissolvante se prolonge ; il faut bien attendre, avant de retirer l'épreuve du bain, que ce *poivré* ait entièrement disparu. L'épreuve n'est réellement fixée qu'à ce moment.

On doit employer ce bain sans mélange d'acides ,

sans mélange d'argent, dans son état simple ; les bains neufs sont les meilleurs, ils peuvent fixer une vingtaine d'épreuves. L'hyposulfite de soude enlève le chlorure d'argent libre, et quelques chimistes prétendent qu'il change en sulfure d'argent, le chlorure qui a été décomposé par la lumière.

Employé à l'état de saturation, il enlève complétement l'iodure d'argent des négatifs sur collodion et les laisse avec leur belle apparence ; employé en solution faible, au contraire, il paraît fixer l'iodure sans l'enlever, et permet quelquefois de conserver des clichés qui, à cause de la grande transparence des ombres, auraient donné des positifs durs et privés de demi-teintes.

On prépare l'hyposulfite de soude en dissolvant du soufre dans une dissolution chaude et concentrée de sulfite de soude, jusqu'à ce que celle-ci en soit saturée ; abandonnée à l'évaporation, la liqueur laisse déposer l'hyposulfite de soude sous la forme de gros cristaux transparents.

Cyanure de potassium.

Le mot cyanure indique un composé de cyanogène et d'un corps simple. Le cyanogène se compose de carbone et d'azote. On distingue les cyanures en cyanures métalliques et en cyanures alcalins ; on les spécifie ensuite par le nom du corps qui les constitue, et l'on dit : cyanure d'argent, cyanure d'ammoniaque, cyanure de potassium, etc., etc.

Il y a aussi des cyanures doubles qui résultent de la combinaison de deux cyanures simples.

Pour donner plus d'éclat à un positif par réflexion, pour lui ôter cette teinte grise qui nuit tant à ce genre de photographie, on peut terminer l'épreuve en la traitant par le cyanure de potassium et d'argent.

On prépare ordinairement le cyanure de potassium en décomposant par la chaleur rouge le cyanure rouge double du potassium et du fer, communément appelé *prussiate de potasse*. Le cyanure de potassium est blanc, il attire fortement l'humidité de l'air et possède, au plus haut degré, la propriété de dissoudre l'iodure et le chlorure d'argent.

Quelques opérateurs l'emploient en solution faible pour fixer les négatifs sur collodion; son action, toujours trop énergique, ne le rend guère propre à cet usage. Nous ne lui reconnaissons qu'un emploi utile, celui où il vient en aide pour faire disparaître une épreuve positive et constater la retouche.

Combiné avec l'iode, il offre un excellent spécifique pour enlever les taches des sels d'argent ; encore son action toxique bien connue ferait—elle désirer qu'on lui substituât la substance, moins dangereuse, que nous avons indiquée.

Ammoniaque liquide ou alcali volatil.

L'ammoniaque est un gaz incolore, transparent, d'une saveur caustique, d'une odeur forte et pénétrante qui provoque le larmoiement.

L'ammoniaque jouit des propriétés alcalines. Elle est formée par la combinaison de l'hydrogène et de l'azote : et comme elle affecte, à l'état anhydre, la forme gazeuse, on lui a donné le nom d'*alcali volatil*.

M. Humbert de Molard, qu'il faut toujours citer quand il s'agit d'une amélioration apportée aux procédés photographiques, l'a déjà fait entrer depuis longtemps dans la préparation des papiers négatifs comme agent accélérateur. L'on a essayé, avec quelque succès, l'emploi de l'ammoniaque dans la décoloration des collodions acides, nous pensons que, s'il les décolore, il ne leur donne pas les qualités qu'on lui attribue.

L'ammoniaque dissout parfaitement le chlorure d'argent et peut servir à fixer les épreuves positives auxquelles elle donne un ton rouge qui n'est pas sans mérite ; ces épreuves, après le fixage, prennent dans le bain d'or alcalin un ton noir, chaud et profond des plus harmonieux, et nous pouvons ajouter que l'ammoniure d'or qui recouvre l'épreuve la rend inaltérable.

Azotate de potasse.

Nitre ou salpêtre.

L'azotate de potasse porte vulgairement dans le commerce le nom de *nitre* ou de *salpêtre*, et se rencontre tout formé dans la nature. On peut le fabriquer artificiellement, en combinant l'acide azotique avec la potasse.

L'azotate de potasse est un corps oxydant très énergique. La poudre à canon n'est qu'un mélange intime de salpêtre, de charbon et de soufre.

L'acide sulfurique et l'azotate de potasse mélangés, agissant pendant quelques minutes sur du coton du papier, leur donnent une grande énergie

balistique (*coton-poudre-pyroxyle*) ; la découverte
de ce fait appartient à M. Schœnbein de Bâle. Le collodion n'est autre chose que le coton-poudre dissous
dans l'éther.

Sulfate de protoxide de fer.

Couperose verte ou vitriol vert.

On le prépare en dissolvant du fer métallique dans
de l'acide sulfurique étendu. Il cristallise en gros
cristaux, d'un vert bleuâtre, analogue à la couleur
du béril. Ce sel s'altère facilement au contact de
l'air, et donne du sulfate basique de peroxyde de fer,
qui ne peut plus agir sur les sels d'argent.

Depuis l'emploi du collodion, des débats assez vifs
se sont élevés au sujet de deux agents révélateurs,
sulfate de fer et acide pyrogallique.

Nous croyons qu'il n'est plus permis aujourd'hui
d'hésiter, l'acide pyrogallique doit être préféré, et
pour plusieurs raisons : avec cet acide, jamais de
taches; l'épreuve est toujours amenée au point voulu;
c'est un agent bien plus énergique, et l'on peut, par
des combinaisons, modifier son action à volonté. De-

puis que l'on emploie le collodion en photographie, nous n'avons jamais manqué une seule épreuve par l'acide pyrogallique, et nous avons cependant produit des milliers de clichés.

Jamais avec le sulfate de fer nous n'avons pu obtenir une épreuve complète et satisfaisante. Toutefois, il peut être employé pour les positifs directs, et dans les cas où l'on aurait à reproduire des couleurs diamétralement opposées, par exemple, une barbe rouge et un visage très blanc, nous avons donné le moyen de l'employer (page 106).

Autre mode de tirage de positifs sur papier.

Dans le corps de l'ouvrage et à la place qu'il eût dû occuper, nous avions négligé de traiter un article qui nous avait paru assez peu important, et qui a, cependant, motivé plusieurs lettres auxquelles nous allons répondre, en décrivant les moyens à employer pour obtenir ce nouveau genre de positifs.

Ces moyens que, le premier peut-être, nous avons employé dès 1852, et que nous avons mis en pratique en 1856, sur une assez grande échelle, consistent à dégrader l'épreuve, en voie de formation, en l'estompant sur les bords.

Dans une feuille de carton léger, de la grandeur du châssis-presse, découpez un ovale convenable au sujet. Après avoir mis le négatif en contact avec le papier positif, posez cet ovale sur la glace du châssis; placez-vous perpendiculairement au rayonnement lumineux et maintenez le châssis et le carton de même avec vos deux mains; alors faites glisser le carton du haut en bas, dans le sens du grand axe de l'ovale, par un mouvement de va-et-vient, plus ou moins allongé, mais toujours régulier, et continuez ce mouvement jusqu'à complète formation de l'image; le soleil est nécessaire. A la lumière diffuse, avec un cliché vigoureux, l'opération serait longue et fatigante. Ce moyen est applicable à tous les systèmes : fonds blancs, gris, draperies, etc..... Le carton peut être ovale, carré, rond, etc.

QUELQUES

ÉLÉMENTS D'OPTIQUE

APPLIQUÉE A LA PHOTOGRAPHIE.

L'agent principal dans les opérations de la photographie étant la lumière, et l'appareil fondamental qu'elle emploie étant un appareil optique, il est nécessaire que le photographe acquière une idée assez nette des propriétés de ce merveilleux agent et des phénomènes auxquels il donne naissance suivant les différentes conditions dans lesquelles on le fait agir, suivant les instruments par lesquels on le met en action, etc.....

Nous n'entendons pas écrire ici un traité d'optique,

nous ne voulons pas même passer en revue les différentes propriétés de la lumière. Ce que nous allons dire sera, avant tout, une instruction relative à l'emploi de la *chambre noire*, que le photographe doit connaître, non seulement par pratique, mais un peu aussi par voie de théorie. Entrons donc en matière, sans autre préambule, et disons quelques mots des propriétés de la lumière en général, nous réservant le soin de traiter plus tard ce sujet *in extenso*, et de donner une définition complète de l'agent lumineux, que nous nous contenterons d'étudier, maintenant, dans ses effets photographiques.

La lumière peut avoir deux origines : ou elle appartient au corps lui-même que l'on considère, ou bien celui-ci l'emprunte à d'autres corps. Dans le premier cas, le corps d'où elle émane s'appelle *lumineux* ; dans le second, on le nomme corps *éclairé*.

Nous ne possédons qu'un organe, l'œil, pour juger de la lumière ; aussi, quand cet organe est malade, jugeons-nous très imparfaitement des impressions lumineuses. Quoique tous les yeux ne soient pas constitués absolument de même, il est facile de constater que la grande majorité des hommes donne les mêmes noms aux mêmes accidents visuels. Ainsi les rayons blancs sont blancs pour le plus grand nombre, les rouges sont rouges, les verts, verts, etc., etc. Nous pouvons donc, sans crainte d'erreur, affirmer, par exemple, avec la majorité, que la lumière qui nous vient d'un nuage bien éclairé et assez élevé au-dessus de l'horizon, est blanche, que la lumière réfléchie par la neige est blanche, etc., etc.

Eh bien, si cette lumière blanche rencontre certains corps sur son passage, elle peut les traverser ou en être renvoyée. Lorsqu'un corps se laisse traverser par la lumière, on le nomme *transparent* ; s'il la force à rebrousser chemin, on l'appelle *opaque*. Toutefois, les corps transparents, même les plus purs, réfléchissent une certaine quantité de lumière, mais cette quantité est si faible, par rapport à celle qui les traverse, qu'on peut la négliger dans presque tous les cas de la pratique. Les corps opaques ne sont pas non plus d'une opacité absolue. Nous ne dirons rien ici de la lumière renvoyée ou réfléchie, elle n'intéresse guère le photographe que sous le point de vue de l'éclairement du modèle, et nous avons déjà traité cette question dans la première partie de notre livre.

Arrêtons-nous un peu sur les propriétés de la lumière transmise. La lumière *blanche* qui passe à travers les corps transparents, reste blanche, ou se colore suivant la forme du corps qui lui livre passage et suivant la forme de ce corps. Tout le monde sait qu'une couche d'eau, pas trop épaisse, laisse passer la lumière sans la colorer, une masse d'eau de deux ou trois mètres de profondeur donne au contraire de la lumière verte; le diamant, le cristal de roche, n'altèrent pas la blancheur des rayons lumineux; l'émeraude les teint en vert, le rubis en rouge, le saphir en bleu, l'améthyste en violet, la topaze en jaune, etc.

Mais indépendamment de la nature propre du corps transparent, nous avons dit que sa forme aussi contribuait à la coloration de la lumière. Si l'on regarde en effet un nuage blanc à travers un prisme ou bâton triangulaire en cristal, on s'aperçoit que les couleurs les plus vives ont pris la place de la blancheur, et cependant le cristal n'avait par lui-même aucune coloration sensible. Cela tient à l'action de la forme du corps transparent sur les rayons de lumière. Une plaque du même cristal, polie à faces parallèles, n'aurait pas altéré la blancheur du nuage. Le phénomène par lequel un verre prismatique tire les couleurs de la lumière blanche s'appelle *dispersion*; il nous prouve que le *blanc* est le résultat du mélange de toutes les couleurs que le prisme sépare. Si l'on fait entrer dans une chambre bien noire un rayon de lumière blanche par un trou pratiqué dans un volet, et si l'on met un prisme de verre sur le trajet de ce rayon, on voit se produire deux effets parfaitement distincts : 1° Le rayon, au lieu de marcher en droite ligne suivant la direction qu'il avait d'abord, se brise et se replie derrière le prisme, soit vers le haut, soit vers le bas, suivant que l'arête formée par les deux faces traversées par la lumière est en bas ou en haut ; 2° au lieu d'avoir sur le mur opposé au trou son image déplacée, comme nous venons de le dire, mais blanche, on y voit paraître une longue bande, colorée des plus vives nuances, disposées dans l'ordre suivant : rouge, orangé, jaune, vert, bleu, violet ; le rouge d'un côté et le violet de l'autre étant fondus dans l'obscurité. Le déplacement du rayon est dû à la *réfraction*, les couleurs proviennent de la *dispersion* opérée par le *prisme*. Or, si l'on veut faire attention à la forme d'une *lentille* à bords tranchants et à centre renflé, on s'apercevra qu'elle n'est, en définitive, qu'un assemblage d'une infinité de prismes à faces courbes, disposés tout autour d'un centre ; elle doit donc présenter les mêmes phénomènes que les prismes. En effet, une lentille infléchit les rayons qui la traversent, et donnent un anneau teinté de couleurs magnifiques, d'autant plus étendues et plus vives, que la lentille est plus bombée à son milieu.

Si l'on place un point lumineux devant une lentille convexe, et que l'on promène un verre dépoli derrière la lentille, on finit par trouver le plus souvent un endroit appelé *foyer*, où l'image du point lumineux se peint nettement sur la face dépolie du verre. En deçà et au delà du foyer, il y a bien encore une image du point, mais confuse et bavochée. Si le point est blanc et la lentille une lentille ordinaire, on ne trouve plus d'image parfaitement nette du point rayonnant; celle que l'on obtient étant toujours entourée d'auréoles ou de cercles colorés. Si le point était violet, d'une couleur violette pure, on trouverait son image plus près de la lentille que si le point était rouge. Pour des points orangés, jaunes, verts et bleus, leurs *foyers* seraient entre ceux du rouge et du violet. Il résulte de là que le point blanc étant composé de toutes ces couleurs, donne des images nettes, situées à des distances différentes, derrière la lentille, et correspondant chacune à une des nuances infinies comprises entre le violet et le rouge; mais comme une seule de ces images est nette à la fois, et que toutes cependant se peignent ensemble, il en résulte que leur mélange est toujours diffus et frangé. On peut faire disparaître ces franges par un artifice que l'on a désigné sous le nom d'*achromatisation* (1) des lentilles, et qui consiste essentiellement dans l'emploi de deux ou de plusieurs substances différentes à la confection des verres lenticulaires. Une lentille *achromatisée* n'a qu'un seul foyer pour toutes les couleurs, et les images qu'elle donne ne présentent plus de bavures ni d'auréoles colorées.

Ce que nous venons de dire d'un point est également applicable aux corps dont la surface n'est qu'un assemblage de points engendrant ou réfléchissant de la lumière. On trouvera donc les images des objets extérieurs derrière une lentille, et ces images seront irisées dans le cas d'une lentille ordinaire, et nettes si la lentille a été rendue *achromatique*.

Pour une même lentille, la position de l'image ou du foyer varie avec l'éloignement de l'objet qui lui donne naissance. Si l'objet est tout près de la lentille,

---

(1) L'achromatisation est un moyen de corriger les effets de la dispersion des rayons lumineux ; on achromatise en faisant passer la lumière à travers des corps de forces dispersives différentes. Dollond obtint ce résultat en formant des lentilles de deux prismes de verre surperposés, l'un en *crown-glass* et l'autre en *flint-glass*, dont les pouvoirs dispersifs étaient différents. Ces objectifs, formés de *flint* et de *crown*, reçurent de Bevis le nom d'achromatiques.

on ne trouve plus d'image; mais en l'éloignant peu à peu, il arrive un moment où cette image commence à paraître. Seulement, elle est alors à une distance presqu'infinie derrière la lentille. Peu à peu, au fur et à mesure que l'objet s'éloigne, l'image se rapproche, d'abord très vite, puis avec une extrême lenteur, jusqu'à ce que l'objet, étant assez éloigné, son image ne change plus de place d'une manière sensible, quoiqu'on vienne à l'éloigner davantage. Cet endroit, où l'image paraît s'arrêter derrière la lentille, où les rayons du soleil, par exemple, vont former un petit disque ardent lumineux, s'appelle le *foyer principal*; et quand on dit dans le commerce : lentille ou objectif de six pouces, d'un pied, de trois décimètres, etc., etc., de foyer, on entend parler d'une lentille qui donne une image nette des objets très éloignés, à six pouces, à un pied, à trois décimètres derrière sa surface postérieure.

La grandeur des images diminue pour une même lentille, à mesure que l'objet s'éloigne, et continue de diminuer lors même que le foyer ne paraît plus changer de place; mais alors la diminution est extrêmement peu sensible.

D'après ce que nous venons de dire, on comprendra aisément que l'image d'un corps en relief ne peut jamais être complétement nette à un seul foyer, car les diverses parties d'un corps se trouvent nécessairement à des distances différentes. Il n'y aura donc de netteté absolue que pour les images des objets situés sur un seul plan, ou qui étant sur des plans différents se trouvent placés fort loin de l'endroit occupé par la lentille. On peut toutefois parer à cet inconvénient, du moins en partie, en couvrant les bords de la lentille par des anneaux en carton noirci, que l'on appelle des *diaphragmes*. Plus l'anneau est large et la partie centrale et découverte de la lentille est petite, et plus les images qu'elle donne sont nettes et bien définies; mais elles sont aussi de moins en moins éclairées, en sorte que l'avantage qui résulte de l'emploi du diaphragme disparaît lorsqu'on veut obtenir des impressions rapides, des portraits, par exemple, qui exigent des flots de lumière très intense.

Il y a en outre un défaut assez grave attaché aux objectifs combinés ou objectifs pour portraits, même *achromatiques*, et que la science n'a pas encore réussi à faire disparaître entièrement. Ce défaut est bien connu des photographes sous le nom de *foyer chimique*. Nous avons dit, en commençant, qu'un prisme donne une image oblongue et vivement colorée d'un trou ou d'une fente livrant passage aux rayons lumineux. Cette image aux vives couleurs s'appelle le *spectre solaire*, ou simplement *le spectre*. Lorsqu'on met du chlorure d'argent à l'endroit où le spectre se dessine avec beaucoup de netteté, on voit, au bout d'un certain temps, que le chlorure a été décomposé bien plus à fond aux endroits moins lumineux qu'à ceux qui nous paraissaient éblouissants. Ainsi le rouge n'aura pas laissé de traces, l'orangé ni le jaune non plus, le vert aura marqué à peine, le bleu se sera fait sentir davantage, et le violet paraîtra avoir agi avec beaucoup d'énergie; mais ce qu'il y a de plus curieux, c'est que l'on trouvera une bande noire très marquée sur le chlorure d'argent là où la lumière n'était plus sensible pour nous, au delà du violet, dans l'obscurité qui paraissait absolue à notre œil. Le maximum d'action photogénique paraît donc être au milieu du violet; mais si l'on remplace le chlorure d'argent par une autre substance sensible, on n'obtient plus tout à fait les mêmes résultats. Ce *maximum* se déplace, et peut même se porter de l'autre côté du spectre. Il faut donc conclure de ce que nous venons d'exposer qu'il y a, la plupart du temps, lumière photogénique là où nous n'en voyons point, et qu'il n'y en a souvent pas là où il nous semble qu'il s'en trouve davantage. Ceci nous ramène à la question de l'*achromatisme*. Nous disions alors que le but de l'achromatisation c'était de réunir en un seul les foyers des rayons rouges... violets, séparés par des lentilles ordinaires ; mais s'il y avait des rayons invisibles au-delà du violet, dont l'opticien achromatiseur n'eût pas tenu compte, il en résulterait que la lentille, très achromatique pour un œil ordinaire, ne le serait plus du tout pour un organe pouvant apercevoir les rayons invisibles négligés par le constructeur de la lentille. —Or, c'est ce qui arrive précisément tous les jours dans la photographie. Les plaques, les papiers ou les collodions sensibles représentent ces yeux anormaux dont nous venons de parler : un objectif, irréprochable pour l'œil de l'homme, n'est plus achromatique pour les sels d'argent ; il donne des images frangées là où elles nous semblaient fort nettes sur le verre dépoli, et il faut chercher par des tâtonnements l'endroit convenable où la substance sensible doit être placée pour que l'image s'y imprime avec toute la netteté désirable. Cet endroit, trouvé, à peu près, pour un objet situé à une certaine distance, n'est plus le même lorsque l'objet vient à changer de place ; il serait presque impossible de corriger, par des graduations pratiquées sur le *tube objectif*, les erreurs de *foyer* provenant de ces différences. Ajoutons à cela que l'*achromatisation* peut porter le foyer chimique tantôt au-delà , tantôt en deçà du foyer optique ou visuel. On rencontre rarement dans le commerce des verres n'ayant à peu près qu'un seul foyer et pour l'œil et pour les substances impressionnables usuelles (1). Nous recommandons aux photographes l'emploi de ces objectifs à foyer unique , de préférence à tous les autres, car on sera d'autant plus sûr d'obtenir de bons résultats , qu'on laissera beaucoup moins de place à l'arbitraire dans la position de la lentille relativement au corps à impressionner.

Terminons ce petit chapitre d'optiques par quelques mots sur la chambre obscure. D'après ce qui vient d'être dit, il est facile de se faire une idée du jeu de la lentille, qui, sous le nom d'*objectif*, occupe la paroi antérieure de la boîte en bois nommée *chambre noire*. L'objectif est enchâssé dans un tube qui glisse dans un autre, et peut-être enfoncé ou retiré au moyen d'une crémaillère et d'un bouton molleté, afin de mettre la lentille à la distance convenable du fond de

(1) C'est en essayant les objectifs de toute provenance que nous parvenons, mais non sans peine, à répondre aux exigences de nos clients.

la boîte où l'image doit se peindre. Ce fond ou paroi, faisant face à la lentille, est occupé d'abord par une glace dépolie, plus tard, par la plaque, le papier ou le verre sensibles, contenus dans des châssis glissant à frottement doux entre deux coulisses verticales pratiquées dans l'épaisseur de la boîte. Afin de bien mettre au foyer, on place la chambre noire sur son pied, on braque l'objectif sur l'objet que l'on veut reproduire ; puis, s'abritant sous un drap noir jeté sur la boîte et couvrant la tête et le dos de l'opérateur, on cherche à amener à sa plus grande netteté l'image sur le verre dépoli, en déplaçant d'abord le fond de la boîte, qui est mobile, et terminant la mise au foyer à l'aide du bouton à crémaillère, qui permet de mouvoir lentement l'objectif dans sa gaîne. Une fois que l'image paraît bien nette, il ne reste plus qu'à retirer le verre dépoli, boucher avec un obturateur l'ouverture de l'objectif, placer le châssis et opérer comme nous avons dit dans la première partie de cet ouvrage.

FIN.

18

TABLEAU SYNOPTIQUE

DES

SUBSTANCES CHIMIQUES EMPLOYÉES EN PHOTOGRAPHIE.

Le Catéchisme des Photographes, par A. Belloc.

ARCHÉROTYPIE.

SUBSTANCES PURES.	LEUR EMPLOI ET LEURS PROPRIÉTÉS.	PAGES.
Coton Azotate de potasse Acide sulfurique	Coton soluble	53
Coton soluble Éther à 56°.	Collodion normal	60
Alcool de vin à 36° Iodure de potassium.	Liqueur génératrice	65
Iodure de potassium, Iodure d'ammonium, Brômure de cadmium Alcool de vin à 36°	Idem	76
Collodion normal, Éther, Liqueur génératrice.	Collodion photographique	66 et 77
Azotate d'argent Eau distillée	Bain sensibilisateur.	83
Acide pyrogallique Acide acétique.	Agent révélateur	97
Solution saturée d'Hyposulfite de soude	Désiodant fixateur	114
Eau ordinaire	Pour débarrasser l'épreuve de l'hyposulfite de soude	114
Miel, blancs d'œufs, alcool, etc.	Hydromellite pour conserver humide la couche de collodion ioduré	123

PAPIERS POSITIFS.

SUBSTANCES PURES.	LEUR EMPLOI ET LEURS PROPRIÉTÉS.	PAGES.
Papier Eau distillée Chlorure de sodium	Feuille salée.	156
Papier Eau distillée Sel Albumine	Papier salé albuminé.	167
Azotate d'argent Eau distillée	Bain d'argent destiné à produire le chlorure d'argent	159
Hyposulfite de soude.	Dissolvant du chlorure d'argent non modifié.	164
Ammoniaque pure en solution aqueuse	Dissolvant du chlorure d'argent non modifié.	170
Chlorure d'or Eau Acide chlorhydrique.	Bain d'or acide pour affaiblir l'épreuve et lui donner un ton noir froid, emploi avant l'hyposulfite	169
Chlorure d'or Eau Hyposulfite.	Bain d'or alcalin, faire virer l'épreuve au ton rouge ou violet bleu, la fixer en la dorant, emploi après l'hyposulfite	175
Bain d'or alcalin Ammoniaque	Faire virer l'épreuve avant le fixage à l'hyposulfite	190
Eau ordinaire	Lavages, bains	199
Cire Essence de Girofle Essence de lavande	Encaustique lustrée, rehausser le ton de l'épreuve positive, lui assurer une durée indéfinie.	184

TABLE DES MATIÈRES.

19

DU PAPIER POSITIF ET DES ÉPREUVES.

MÉTHODES DIVERSES.

NOTES POUR LE PAPIER POSITIF.

DU PAPIER POSITIF ET DES ÉPREUVES.

ERRATA.

Dans le cours de l'ouvrage, il s'est glissé quelques erreurs typographiques peu importantes que la sagacité du lecteur saura rectifier.

A. B.

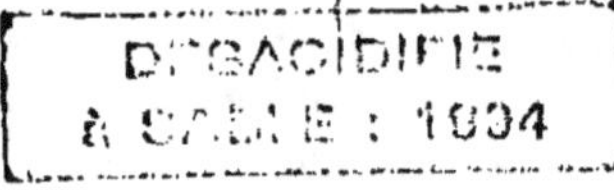